产品结构设计提升篇——
真实案例设计过程全解析

黎恢来　编著

电子工业出版社
Publishing House of Electronics Industry
北京·BEIJING

内 容 简 介

自编者出版《产品结构设计实例教程——入门、提高、精通、求职》一书以来，很多热心读者反馈，希望编者能继续出版可以提高产品结构设计技术的书。应广大读者的要求，编者精心挑选出几款近几年在工作中设计的真实案例产品，从最初的产品概述及 ID 效果图分析到整个产品结构设计的完成，本书都进行了详细的讲解，并穿插了很多设计技巧，这些都是对编者工作经验的总结。

全书共讲解 7 款产品，这 7 款产品都是编者精心挑选的，来源于不同的行业，具有一定代表性，而且都是编者实际工作项目，并且是成功上市的产品。这 7 款产品的结构设计具有复杂性和挑战性，涉及的结构知识面广，读者从书中能学到很多结构设计经验及技巧。本书讲解详细、条理清晰、图文并茂、通俗易懂，并突出设计技巧，值得读者认真学习。

本书适合有一定产品结构设计基础的读者学习及提高使用，可以作为在职产品结构工程师的工作指南及参考资料，还可以作为各种培训班的培训教材。

图书在版编目（CIP）数据

产品结构设计提升篇：真实案例设计过程全解析 / 黎恢来编著. —北京：电子工业出版社，2021.4

ISBN 978-7-121-40821-2

Ⅰ．①产… Ⅱ．①黎… Ⅲ．①产品结构—结构设计—案例 Ⅳ．①TB472

中国版本图书馆 CIP 数据核字（2021）第 054419 号

责任编辑：陈韦凯　　　　特约编辑：田学清
印　　刷：天津画中画印刷有限公司
装　　订：天津画中画印刷有限公司
出版发行：电子工业出版社
　　　　　北京市海淀区万寿路 173 信箱　　　邮编：100036
开　　本：787×1092　　1/16　　印张：21　　字数：537.6 千字
版　　次：2021 年 4 月第 1 版
印　　次：2025 年 2 月第 8 次印刷
定　　价：99.00 元（全彩印刷）

凡所购买电子工业出版社图书有缺损问题，请向购买书店调换。若书店售缺，请与本社发行部联系，联系及邮购电话：（010）88254888，88258888。
质量投诉请发邮件至 zlts@phei.com.cn，盗版侵权举报请发邮件至 dbqq@phei.com.cn。
本书咨询联系方式：chenwk@phei.com.cn。

结构设计在产品的研发阶段发挥着举足轻重的作用，产品结构设计的好坏，决定产品模具的投入成本，甚至决定整个产品研发的成败。社会在日新月异地发展，产品也在不断地更新换代。作为结构设计人员，需要不断地积累经验，学习新的知识，努力提高自身的技术水平。

一、写本书的原因

（1）回应广大读者的需求。

编者于 2013 年出版的《产品结构设计实例教程——入门、提高、精通、求职》一书，得到了广大读者朋友的认可及喜爱，此书也帮助很多新手成功踏进了产品结构设计的大门。很多读者朋友反馈，希望编者能继续出版可以提高产品结构设计技术的书。

（2）给产品结构设计同行提供参考。

产品结构设计涉及范围广，结构设计工程师从业人员多，但每个人的经验及方法不尽相同，编者将十几年的产品结构设计经验总结于此书，尤其书中介绍的一些系统规范的设计理念、自顶向下的设计思路，很值得产品结构设计同行借鉴及参考。

（3）与同行交流。

产品结构设计技术的发展和行业技术水平的提高，需要所有结构设计工程师多思考、多创新、多交流，众人拾柴火焰高，只有经过大家的共同努力，产品结构设计技术水平才会得到提高。

二、本书特色

（1）实战讲解。实战是本书最大的特点，编者精心挑选了几款很有特色的产品，这些产品来源于不同的行业，很有代表性，对于结构设计人员来说，这些产品的设计难度为中等偏上。这几款产品来源于编者的实际工作项目，是成功上市的产品，紧扣现实生活。编者将设计这些产品的经验通过文字一一呈现出来，所学即所用，实现了与实际产品结构设计工作的无缝对接。

（2）讲解详细、条理清晰、图文并茂、通俗易懂。本书将每个产品结构设计过程的要点描述出来，并附加图片说明，使读者非常容易看懂。

"授人以鱼不如授人以渔"，本书不仅告诉读者如何进行产品结构设计，还告诉读者为什么要这样设计，讲解有过程，更有方法与技巧。

（3）技巧性强。本书在讲解产品结构设计的同时，突出设计技巧，使读者少走弯路，一步到位地学到真正实用的产品结构设计技术及软件应用技巧。

三、本书主要内容

本书采用图文并茂的方式精细讲解产品结构设计，全书共有 7 章，内容分别如下：

第 1 章 TWS 蓝牙耳机结构设计全解析，第 2 章翻盖式移动电源结构设计全解析，第 3 章多功能智能笔结构设计全解析，第 4 章多功能旅行充电器结构设计全解析，第 5 章多功能数据线结构设计全解析，第 6 章多功能私人云盘结构设计全解析，第 7 章三防产品设计全解析。

四、本书适用对象

（1）刚入行从事产品结构设计者。

（2）产品结构设计经验不足的结构设计工程师。

（3）各级培训班的产品结构设计学员。

（4）相关企业的员工。

（5）在职产品结构设计工程师。

由于本书讲解的内容侧重于产品结构设计，对软件知识讲解较少，因此读者最好能熟练运用软件，尤其要精通 Pro/ENGINEER 软件。

五、免责声明

本书是编者的经验总结，涉及的所有结构设计数值及技术仅供参考。在写作过程中，虽然编者反复思量及核对过相关内容，但由于不同的产品对结构设计的要求不同，所应用的结构设计技术也有差别，读者朋友们在实际工作中要举一反三，灵活运用。

如果读者朋友在实际结构设计中，由于参考本书造成损失，编者及出版社不承担任何责任。

六、致谢

本书中部分资料是从互联网及供应商提供的资料中收集整理的，产品结构设计行业整体水平的提高，需要大家的交流与支持，在此，对资料提供者表示真诚的感谢。

七、与编者交流方式

由于编者水平有限，书中难免有不足之处，敬请读者批评指正，编者愿意与大家进行技术交流，如有宝贵意见请反馈给编者，编者的联系方式如下。

Email：643639674@qq.com

微信号：lhlai_MD

黎恢来

2020.8

写在前面的话——如何学习本书内容

本人于 2013 年出版的《产品结构设计实例教程——入门、提高、精通、求职》一书，得到了广大读者朋友的认可及喜爱，此书也帮助很多新手成功踏进了产品结构设计的大门。很多读者朋友反馈，希望编者能出版一本可以继续提高产品结构设计技术的书。大部分读者是有一定基础但经验相对欠缺的结构设计工程师。

由于本人近几年一直在品牌公司担任研发部经理，工作繁忙，一直没有太多时间用来写作，但是读者朋友反馈的需求，本人一直记在心上。

写书，尤其写应用技术类图书，需要非常严谨的写作态度，书中的每一个数字及每一个参数，都需要反复思量及核对，要尽可能地减少错误，也希望读者朋友通过本书学到真正有用的结构设计技术。

在 2013 年到 2020 年的七年时间里，本人陆续收集写作的资料，准备写作的素材，并抽空断断续续地写作。直到 2020 年，本人从公司辞职后，花费了大量的时间重新整理了书稿，进行修改并继续写作，这本书终于完稿了！

本人从事产品结构设计近 20 年，涉及的行业众多，设计过的产品种类众多，产品数量有数百款之多，积累了丰富的实战经验。

本书讲解的产品都是本人精心挑选的近几年在工作中设计的真实案例产品，从最初的产品概述及 ID 效果图分析到整个产品结构设计的完成，本书都进行了详细的讲解，并穿插了很多设计技巧，这些都是对本人工作经验的总结。书是有价的，但技术是无价的，这些经验不能用金钱来衡量，希望读者朋友能用心学习。

一、本书适用对象

（1）刚入行从事产品结构设计者、产品结构设计经验不足的结构设计工程师。

编者有近 20 年的产品结构设计及项目管理实战经验，从事过的产品设计行业有通信、机电、玩具、电子消费品、计算机外部设备、美容美妆等，曾带领团队研发出全新的全套电子机电产品，并申请了全方位的专利保护。

编者有十几年的团队管理经验，曾任公司工程部主管、结构总监、项目经理、研发部经理等职位，亲自设计的产品有数百款之多。

在公司工作期间，编者申请的专利数量达数百个，其中发明专利及实用新型专利占大多数。

这些工作经验不是每个工程师都有的，本书融合了编者近 20 年设计经验的精华，值得读者认真学习。

编者最初的工作是绘图员，从基层走到现在，产品结构设计经验也是在跳槽、找工作、进入新公司、升职这些环节中一点一点积累的，这些经历颇为不易，所以编者很了解初入行者需要什么知识，最渴望学到什么知识，本书就是以这些为出发点，将大家最想学到的知识一一呈现出来。

（2）在职产品结构设计工程师。

产品结构设计涉及范围广，结构设计工程师从业人员多，但每个人的经验及方法不尽相同，编者将几款较复杂的产品结构设计全过程总结于此书，尤其书中对较复杂产品的设计思路及结构设计技巧的讲解，很值得产品结构设计同行借鉴及参考。

（3）各级培训班的产品结构设计学员、相关企业的员工。

本书偏重于实践设计，对于培训机构的学员来说，这是一本很好的教材，能让学员身临其境地感受实际设计工作的全过程。

本书适合进阶班的学员学习，要求学员有一定的产品结构设计基础。

二、如何学习本书

1．初学者

本书适合有一定的产品结构设计基础的读者学习，对于初学者，要分两步学习。

第一步：首先学习《产品结构设计实例教程——入门、提高、精通、求职》（此书在京东、淘宝等网络渠道有售）。此书是初学者学习的最佳教材，尤其适合在读的大、中专院校的机械、模具、工业设计等专业的学生学习。

在校生主要以理论学习为主，缺少真正的产品结构设计实践经验，甚至不知道产品结构设计工作到底做什么，对产品结构行业比较陌生。此书从实际工作出发，与实际工作无缝对接，且通俗易懂、图文并茂，有整套的产品结构设计实例讲解，全书分为基础、实例练习、提高三部分，恰好解决了在校生的这种困惑。

通过学习此书，在校生能够快速了解产品结构设计及实际工作设计的流程，能学到真正的全套产品结构设计技术。

现在网络发展速度很快，但此书中的内容不是通过从网络上下载零散资料就能学习到的，此书中讲解的知识都是编者对自己经验的总结，需要系统地学习才能掌握。

此书先从基础开始讲解，循序渐进，再提供整套产品的实例练习，最后着重加强与提高。此书贯穿从零基础到熟练的整个学习过程，让新手很快上手并学到真正的产品结构设计技术。

第二步：读者通过学习《产品结构设计实例教程——入门、提高、精通、求职》能对产品结构设计有一定的了解，并打下了一定的基础。之后再学习这本《产品结构设计提升篇——真实案例设计过程全解析》，很容易看懂。

学习方法：读者可以根据 ID 效果图，首先自己思考整个产品的结构设计思路，然后看本书，这样会收获更多。

2．有基础的读者

由于本书中的几款案例产品来源于不同的行业，设计难度为中等偏上，将这几款案例产品结构设计好能考验结构设计工程师的技术水平。有基础的读者可以先不看书本，根据ID效果图，自己思考整个产品的结构设计思路，要考虑如何拆分零件、模具如何分模、如何建模、如何设计整个产品的结构。

读者还要思考每个零件的固定、连接、限位、装配，在脑海中形成自己的结构设计思路后，再看书本，在看书本时要对照自己思考的设计思路，与书本中讲解的结构设计思路及方法做比较，从中总结出一些结构设计经验，在以后的工作中举一反三、灵活运用，这样会收获很多。

三、编者技术支持

为了鼓励读者学习与提高读者的结构设计水平，也为了方便大家沟通、交流结构设计技术，本人会建立一个沟通的平台，欢迎大家交流与学习。

读者可以添加编者微信（lhlai_MD）进行沟通、交流。

第1章

TWS 蓝牙耳机结构设计全解析

本章导读：

◇ 产品概述及 ID 效果图分析详解　　　　◇ 产品拆件分析详解

◇ 结构及模具初步分析详解　　　　　　　◇ 建模要点及间隙讲解

◇ 结构设计要点详解　　　　　　　　　　◇ 产品结构设计总结

1.1　产品概述及 ID 效果图分析详解

1.1.1　产品概述

TWS 是 True Wireless Stereo 的缩写,翻译成中文的意思是"真正的无线立体声"。TWS技术广泛应用于蓝牙耳机行业,该技术的实施基于蓝牙芯片技术的快速发展,让有线耳机摆脱耳机线的束缚,成为真正的无线耳机。TWS 蓝牙耳机是声学与电子技术相结合的高科技产品,应用越来越普遍,会逐渐取代传统的有线耳机。

这款 TWS 蓝牙耳机为半入耳式耳机,是全新设计、全新研发的产品。

产品主要具有以下特点:

(1)无线连接手机等蓝牙设备。

(2)单支耳机可单独使用。

(3)触控式操作模式。

(4)立体声,低音澎湃,高音嘹亮。

(5)使用时间及待机时间长。

这款 TWS 蓝牙耳机整机尺寸为 44.50mm×22.00mm×53.00mm（宽×厚×高）。

技巧提示

> TWS 蓝牙耳机是目前比较火热的产品,很多公司都在进行 TWS 蓝牙耳机的研发及生产。随着技术的发展,以后 TWS 蓝牙耳机会替代传统的有线耳机,成为手机标配。读者可以根据 ID 效果图,先自己思考整个产品的结构设计思路,再看书,这样会收获更多。

这款 TWS 蓝牙耳机原始设计资料如下。

(1) ID 效果图及 ID 线框。

图 1-1 所示为 TWS 蓝牙耳机的 ID 效果图,图 1-2 所示为 TWS 蓝牙耳机的打开效果图,图 1-3 所示为 TWS 蓝牙耳机的效果图。TWS 蓝牙耳机分为充电盒和耳机两大部分,产品外观颜色是白粉色,充电盒颜色是白色,耳机颜色是粉色,产品外观还有好几种配色,如全白色、白红色等。

图 1-1　TWS 蓝牙耳机的 ID 效果图

图 1-2　TWS 蓝牙耳机的打开效果图

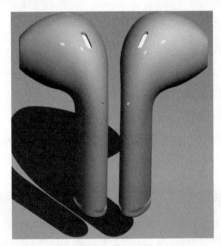

图 1-3　TWS 蓝牙耳机的效果图

（2）产品的功能需求。

产品的功能需求包括结构功能需求、电子功能需求、包装功能需求，这里只分析与结构相关的功能需求。

这款 TWS 蓝牙耳机与结构相关的功能需求如下：

① 输入与输出接口采用 Type-C 连接器。

② 喇叭兼容 1422（直径为 14.20mm，厚度为 2.20mm）与 1029（直径为 10.00mm，厚度为 2.90mm）两种规格。

③ 耳机采用触摸控制的操作方式。

④ 耳机电池容量不小于 30mAh，充电盒电池容量不小于 380mAh。

⑤ 产品外观颜色主要有白粉、全白两种配色。

⑥ 充电盒外观面、耳机外观面为高光效果。

⑦ 充电盒上需要有一个电源开关键。

⑧ 充电盒具有开盖检测功能，不同的状态分别用绿色、红色、白色指示灯显示。

⑨ 耳机及充电盒采用磁吸实现闭合。

⑩ 耳机具有入耳检测功能。

（3）其他辅助类资料。

其他辅助类资料包括电子元器件规格书等。图1-4所示为电池规格书，图1-5所示为喇叭外形尺寸图。

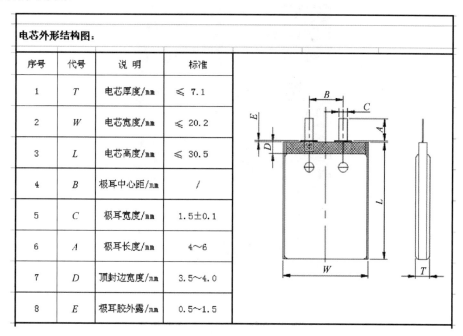

序号	代号	说　明	标　准
1	T	电芯厚度/mm	≤ 7.1
2	W	电芯宽度/mm	≤ 20.2
3	L	电芯高度/mm	≤ 30.5
4	B	极耳中心距/mm	/
5	C	极耳宽度/mm	1.5±0.1
6	A	极耳长度/mm	4～6
7	D	顶封边宽度/mm	3.5～4.0
8	E	极耳胶外露/mm	0.5～1.5

图 1-4　电池规格书

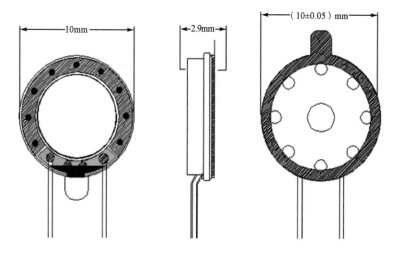

图 1-5　喇叭外形尺寸图

1.1.2 ID 效果图分析详解

有了原始设计资料后，要对 ID 效果图进行分析，在分析 ID 效果图时要结合产品的功能，一般从以下几个方面来分析。

（1）通过 ID 效果图了解产品的基本构成。

通过分析这款 TWS 蓝牙耳机的 ID 效果图可知，该产品主要由充电盒、耳机两大部分构成，如图 1-6 所示。

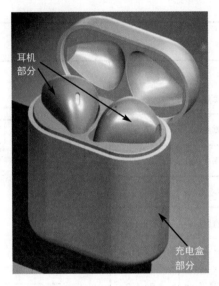

图 1-6　TWS 蓝牙耳机的基本构成

（2）结合功能进一步分析各部分的构成。

① 由 ID 效果图分析得出，充电盒又分为主体部分和翻盖部分，其中翻盖部分要能打开与闭合，如图 1-7 所示。

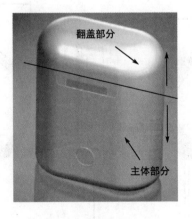

图 1-7　充电盒构成

充电盒的主体部分包含主体外壳、主体内壳、按键、合页，如图 1-8 所示。

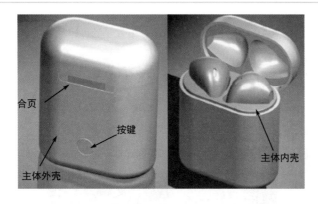

图 1-8 主体部分构成

充电盒的翻盖部分包括翻盖外壳和翻盖内壳两个零件，如图 1-9 所示。

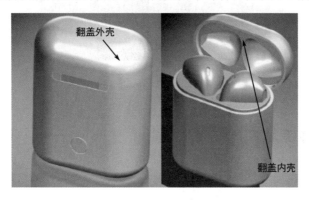

图 1-9 翻盖部分构成

② 耳机由左耳机和右耳机两部分构成，左耳机与右耳机是镜像关系。耳机主要由耳机面壳、耳机杆壳、耳机尾塞、耳机装饰件构成，如图 1-10 所示。

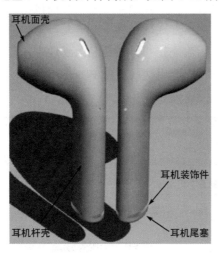

图 1-10 耳机构成

1.2 产品拆件分析详解

由 ID 效果图分析可知，这款 TWS 蓝牙耳机需要拆的零件有主体外壳、主体内壳、按键、合页、翻盖外壳、翻盖内壳、左耳机组件、右耳机组件，如图 1-11 所示。

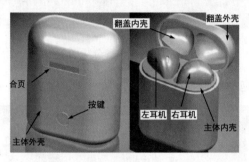

图 1-11　需要拆的零件

1.3 结构及模具初步分析详解

拆件分析完成后，要进一步分析结构设计与模具制作的可行性。

1.3.1 材料及表面处理分析

产品零件材料及表面处理的方式很多，不同的产品选择的零件材料及表面处理方式也有差异，后面第三章第三节会进一步介绍如何选择零件材料及表面处理方式。这款 TWS 蓝牙耳机的零件材料及表面处理方式选择如下。

（1）充电盒主体外壳与翻盖外壳的材料及表面处理方式选择。

充电盒主体外壳与翻盖外壳选用塑胶材料 PC+ABS，防火等级为 UL94-V2，成型方式为注塑，外表面为素材高光白色，如图 1-12 所示。

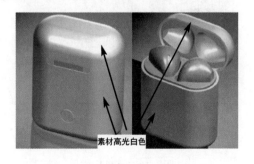

图 1-12　主体外壳与翻盖外壳的表面处理

📋 **技巧提示**

相同的材料，素材高光白色并不比素材高光黑色耐刮、耐磨，但是白色不容易显现缺陷，有刮痕的话看起来并不明显。而外表面为素材高光黑色，有刮痕的话看起来会很明显。所以，素材高光白色的产品表面不喷涂耐磨UV也是可以的。

（2）充电盒主体内壳与翻盖内壳的材料及表面处理方式选择。

充电盒主体内壳选用塑胶材料PC+ABS，防火等级为UL94-V2，成型方式为注塑，外表面为素材细磨砂效果，如图1-13所示。

充电盒翻盖内壳选用塑胶材料PC+ABS，防火等级为UL94-V2，成型方式为注塑，外表面为素材细磨砂效果，如图1-13所示。

（3）按键的材料及表面处理方式选择。

按键选用塑胶材料PC+ABS，防火等级为UL94-V2，成型方式为注塑，外表面为素材高光白色，如图1-13所示。

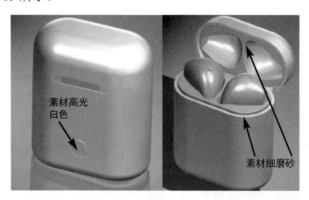

图1-13 按键、主体内壳与翻盖内壳的表面处理

（4）合页的材料及表面处理方式选择。

合页由固定件、旋转件、旋转轴三个零件组成，固定件及旋转件材料选用锌合金，成型方式为压铸，外表面为素材细磨砂效果，电镀银色处理，如图1-14所示。

（5）耳机的材料及表面处理方式选择。

耳机面壳与耳机杆壳选用塑胶材料PC+ABS，防火等级为UL94-V2，成型方式为注塑，颜色为粉色，先注塑素材高光，外表面再进行二喷二烤工艺喷漆处理，即先喷粉色油漆，再喷防刮UV油漆，如图1-15所示。

（6）耳机尾塞的材料及表面处理方式选择。

耳机尾塞选用塑胶材料PC+ABS，防火等级为UL94-

图1-14 合页的表面处理

V2，成型方式为注塑，颜色为粉色，先注塑素材高光，外表面再进行二喷二烤工艺喷漆处理，即先喷粉色油漆，再喷防刮 UV 油漆，如图 1-15 所示。

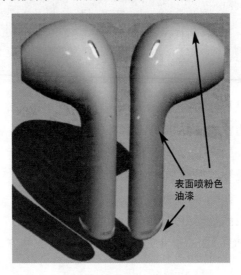

表面喷粉色油漆

图 1-15　耳机的表面处理

（7）耳机装饰件的材料及表面处理方式选择。

耳机装饰件材料选用铝合金，采用机械加工，表面为高亮银色效果，如图 1-16 所示。

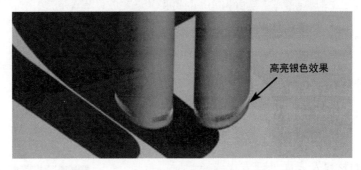

高亮银色效果

图 1-16　耳机装饰件的表面处理

技巧提示

　　TWS 蓝牙耳机属于带电池的电子产品，需要经常充电及放电，有一定的安全隐患，因此外壳塑胶材料要求用防火材料，防火等级不低于 UL94-V2。

1.3.2　各零件之间的固定及装配分析

　　TWS 蓝牙耳机是比较精致的产品，其外形尺寸不大，结构固定方式的选择很关键。一般来说，尽量不采用螺钉固定，卡扣固定与胶水固定是 TWS 蓝牙耳机主要的固定方式。

TWS 蓝牙耳机固定方式的主要特点是不可拆卸，如苹果公司出品的 AirPods，其固定方式采用死扣和强力胶水，几乎没有拆卸的可能，除非暴力拆卸。因为 AirPods 在耳机内部很小的空间里装配了 PCBA 及很多的零部件，层层叠叠，如果拆卸就会有损坏，一旦损坏很难替换与修复，只有更换，所以在进行结构设计时就要避免消费者拆卸。图 1-17 所示为暴力拆卸 AirPods。

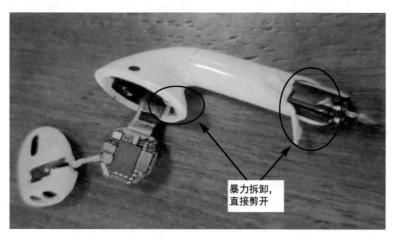

图 1-17　暴力拆卸 AirPods

这款 TWS 蓝牙耳机各零件的固定方式分析如下。

（1）充电盒的主体外壳与主体内壳，由于外观的要求，不选择螺钉固定，采用卡扣固定即可，如图 1-18 所示。

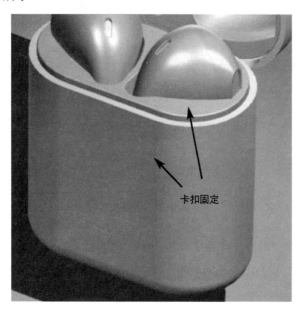

图 1-18　主体外壳与主体内壳的固定方式

（2）充电盒的翻盖外壳与翻盖内壳，由于外观的要求，不选择螺钉固定，采用卡扣和胶水固定，如图 1-19 所示。

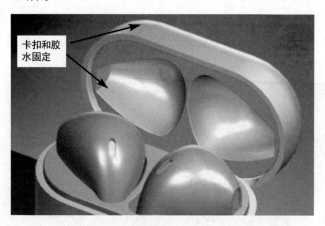

图 1-19　翻盖外壳与翻盖内壳的固定方式

（3）充电盒的按键位于主体外壳上，采用裙边和卡扣固定，如图 1-20 所示。

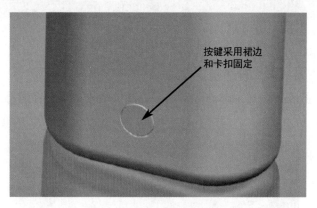

图 1-20　按键的固定方式

（4）充电盒的合页采用卡扣和胶水固定，如图 1-21 所示。

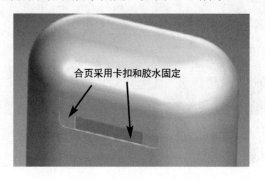

图 1-21　合页的固定方式

（5）耳机面壳与耳机杆壳采用卡扣和胶水固定，如图 1-22 所示。

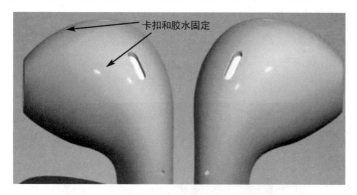

图 1-22　耳机面壳与耳机杆壳的固定方式

（6）耳机尾塞采用卡扣和胶水固定在耳机杆壳尾部，如图 1-23 所示。

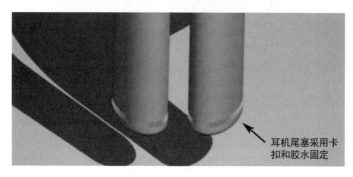

图 1-23　耳机尾塞的固定方式

（7）耳机装饰件在耳机尾塞与耳机杆壳的中间，可以通过这两个零件夹紧固定，在结构上只需要对耳机装饰件进行限位，如图 1-24 所示。

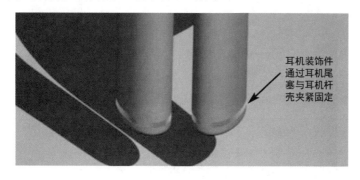

图 1-24　耳机装饰件的固定方式

1.3.3　模具初步分析

模具初步分析主要分析产品各个零件的成型方法及模具设计的分模示意图，要清楚模具分型面位于零件的哪个位置。

这款 TWS 蓝牙耳机模具初步分析如下。

（1）充电盒主体外壳是塑料件，通过塑胶模具注塑成型。模具分型面位于上表面，外表面为前模方向，内表面为后模方向。由于按键位于主体外壳上，按键孔滑块抽芯，如图 1-25 所示。

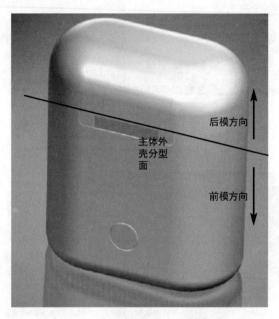

图 1-25　主体外壳分模示意图

（2）充电盒主体内壳是塑料件，通过塑胶模具注塑成型。模具分型面位于主体外壳分型面的下方，上表面为前模方向，下表面为后模方向，如图 1-26 所示。

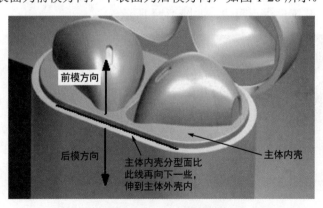

图 1-26　主体内壳分模示意图

（3）充电盒翻盖外壳是塑料件，通过塑胶模具注塑成型。模具分型面位于下表面，外表面为前模方向，内表面为后模方向，如图 1-27 所示。

图 1-27　翻盖外壳分模示意图

（4）充电盒翻盖内壳是塑料件，通过塑胶模具注塑成型。模具分型面位于外平面上，外表面为前模方向，内表面为后模方向，如图 1-28 所示。

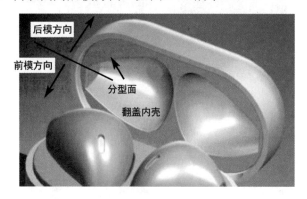

图 1-28　翻盖内壳分模示意图

（5）按键是塑料件，其外形尺寸小，结构简单，通过塑胶模具注塑成型。模具分型面位于内部裙边的表面，外表面为前模方向，内表面为后模方向，如图 1-29 所示。

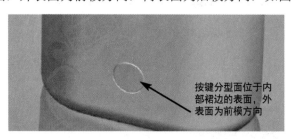

图 1-29　按键分模示意图

（6）耳机部分的耳机面壳外形是异形，尺寸小，但要求精细，对模具来说，具有很高的难度。耳机产品如果要做得精致，需要很精密的模具，结构设计也很重要。

耳机杆壳是塑料件，通过塑胶模具注塑成型，耳机杆壳的模具是最复杂的。耳机杆壳的分型面位于与耳机面壳的接合面处，外表面为前模方向，内表面为后模方向，两侧设计大行位，底部行位抽芯，如图 1-30 所示。

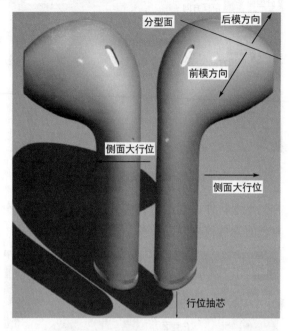

图 1-30　耳机杆壳分模示意图

（7）耳机面壳是塑料件，通过塑胶模具注塑成型。耳机面壳的模具相对简单，与耳机杆壳的接合面为分型面，外表面为前模方向，内表面为后模方向，如图 1-31 所示。

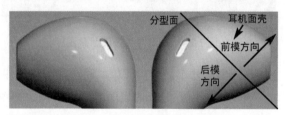

图 1-31　耳机面壳分模示意图

（8）耳机尾塞是塑料件，通过塑胶模具注塑成型。耳机尾塞的模具简单，与耳机杆壳的接合面为分型面，外表面为前模方向，内表面为后模方向，如图 1-32 所示。

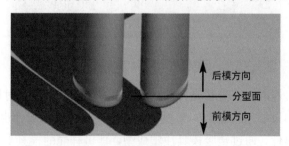

图 1-32　耳机尾塞分模示意图

1.4　建模要点及间隙讲解

结构设计常用的软件是 Pro/ENGINEER，软件版本不重要，因为本书不做具体的软件操作讲解。本节主要讲解这款产品建模的要点，读者主要学习产品结构设计的思路及技巧。

建模采用自顶向下的设计理念，先做骨架，然后拆分零件。什么是自顶向下的设计理念？骨架与拆件有什么原则及要求？这些问题在这里就不讲述了，有需要的读者朋友可以参考《产品结构设计实例教程——入门、提高、精通、求职》一书，此书第二部分有详细的讲解。

1.4.1　充电盒骨架要点讲解

这款 TWS 蓝牙耳机的建模分为充电盒建模与耳机建模两部分，分别用一个骨架来控制，充电盒骨架相对简单。

（1）首先将原始 ID 模型图导入 3D 软件中，这款 TWS 蓝牙耳机的 ID 模型图是 ID 设计师用 Rhino 软件构建的 3D 模型图，导入结构设计 3D 软件中只能作为参考，不能直接使用。图 1-33 所示为导入 3D 软件中的 ID 模型图。

图 1-33　导入 3D 软件中的 ID 模型图

📋 **技巧提示**

　　ID 设计师提供结构设计的原始设计资料，3D 模型图也是很常见的一种 ID 模型图，Rhino 软件俗称犀牛软件，是 ID 设计师比较常用的 3D 建模软件。ID 设计师提供的 3D 模型图不能直接用，而是导入结构设计 3D 软件中作为参考，结构设计需要重新做骨架、重新建模。

（2）导入线条后，下一步是草绘两条曲线，用于控制整个产品的长、宽、高，如图 1-34 所示。

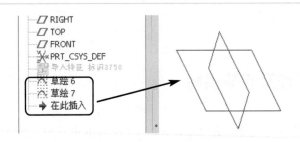

图 1-34　用于控制产品尺寸的线条

（3）完成翻盖部分曲面构建，外形拔模角度为 1°，如图 1-35 所示。

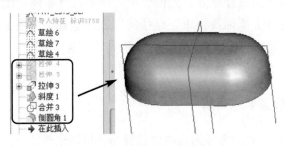

图 1-35　翻盖部分曲面

（4）完成主体部分曲面构建，外形拔模角度为 0.5°，如图 1-36 所示。

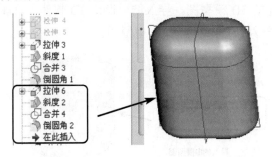

图 1-36　主体部分曲面

（5）完成其他所有拆件需要的曲线与曲面构建，构建完成的骨架如图 1-37 所示。

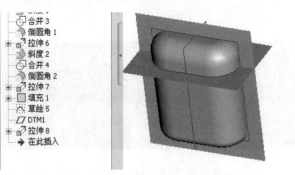

图 1-37　构建完成的骨架

📋 技巧提示

> 为什么翻盖部分外形拔模角度为 1°，而主体部分外形拔模角度只需 0.5°呢？因为翻盖部分高度小，所以拔模角度大一点，而主体部分高度大，拔模角度小一点。充电盒外观表面的模具是抛高光的，因此主体部分拔模角度为 0.5°就可以，拔模角度过大，会影响产品外形的美观度。

1.4.2 耳机骨架要点讲解

TWS 蓝牙耳机分为左耳机和右耳机，它们是镜像关系，结构设计只需要做其中任意一个，对另一个进行镜像即可。

耳机的外形由不规则的曲面构成，构建骨架还是有一定难度的，本节只讲解要点，不讲解具体的软件操作步骤，如果有读者想学习具体的软件操作，可以联系编者，编者尽量提供 TWS 蓝牙耳机原始骨架 3D 模型给有需要的读者学习使用。

（1）首先导入原始 ID 线条，不同视角的线条用不同的颜色。图 1-38 所示为导入三维软件中的耳机线条。

图 1-38　导入三维软件中的耳机线条

（2）导入线条后，下一步是草绘两条曲线，用于控制整个产品的长、宽、高，如图 1-39 所示。

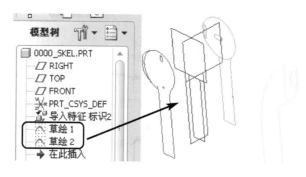

图 1-39　用于控制产品尺寸的线条

（3）用边界曲面构建耳机面壳曲面，由于耳机面壳是对称的，先做一半曲面，外形要有1°的拔模角，如图1-40所示。

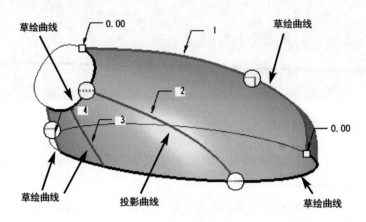

图1-40　构建耳机面壳曲面

（4）镜像耳机面壳曲面后合并，构建完成的耳机面壳曲面如图1-41所示。

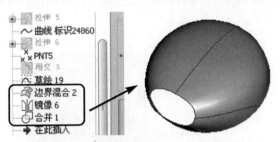

图1-41　构建完成的耳机面壳曲面

（5）用边界曲面构建耳机杆壳背部曲面，外形要有1°的拔模角，如图1-42所示。

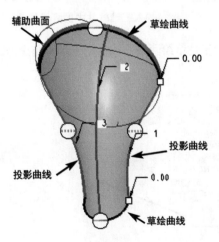

图1-42　构建耳机杆壳背部曲面

用边界曲面构建耳机杆壳另一半曲面，外形要有1°的拔模角，如图1-43所示。

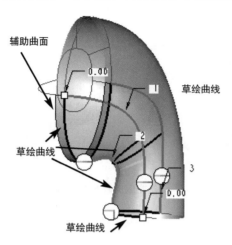

图1-43 构建耳机杆壳另一半曲面

构建耳机杆壳底部曲面，如图1-44所示。

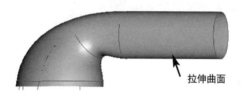

图1-44 构建耳机杆壳底部曲面

（6）构建好的曲面需要偏距料厚，检查曲面是否可以偏距，如果曲面不能偏距料厚，则需要修改建构曲面的线条，如图1-45所示。

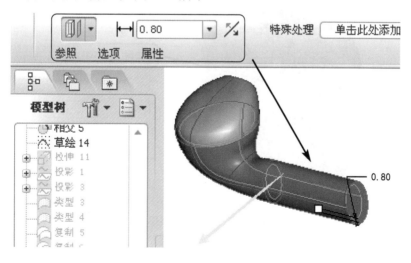

图1-45 偏距料厚

（7）完成其他所有拆件需要的曲线与曲面构建，构建完成的耳机骨架曲面如图 1-46 所示。

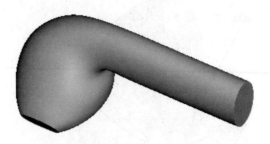

图 1-46　构建完成的耳机骨架曲面

 技巧提示

> 耳机骨架曲面建模的方法很多，无论采取哪种方法，都需要多次调整曲线，有时微调曲线就能将曲面质量提高。建模时尽量将由多段线组成的曲线复合成一条样条曲线，这样可以减少碎面及小面，提高曲面质量。

1.4.3　拆件要点讲解

骨架构建完成后，需要拆分零件，本节主要讲解拆件的要点及各产品的料厚，对具体的软件操作不做讲解。

（1）充电盒主体外壳外形简单，但外观面要求高，对强度有一定的要求。在拆件时，主体外壳料厚要做到 1.20～1.40mm，此款产品的主体外壳料厚为 1.40mm，如图 1-47 所示。

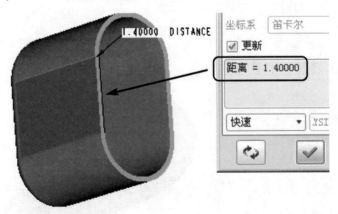

图 1-47　主体外壳料厚

（2）充电盒主体内壳对强度有一定的要求，在拆件时，主体内壳主要料厚要做到 1.40mm，其他料厚为 0.80～1.00mm，如图 1-48 所示。

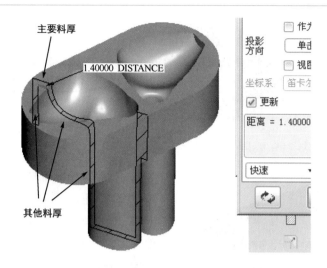

图1-48 主体内壳料厚

（3）充电盒翻盖外壳外形简单，但外观面要求高，对强度有一定的要求。在拆件时，翻盖外壳料厚要做到1.20～1.40mm，如图1-49所示。

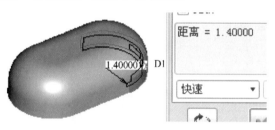

图1-49 充电盒翻盖外壳料厚

（4）充电盒翻盖内壳对强度有一定的要求，在拆件时，翻盖内壳主要料厚要做到1.40mm，其他料厚为0.80～1.00mm，如图1-50所示。

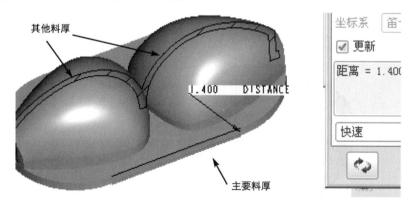

图1-50 充电盒翻盖内壳料厚

（5）按键外形简单，尺寸小，表面为高光亮面，料厚要做到1.00mm，如图1-51所示。

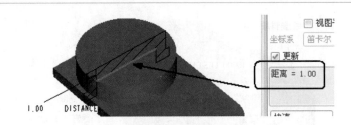

图 1-51　按键料厚

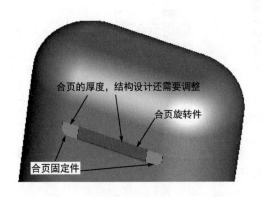

图 1-52　合页料厚

（6）合页由固定件、旋转件、旋转轴三个零件组成，固定件固定在充电盒的主体外壳上，旋转件固定在充电盒的翻盖部分上，固定件与旋转件通过旋转轴连接。由于需要模拟运动，旋转的轴心位置要到结构设计时才能确定，合页的结构在拆件时初步料厚要做到3.00mm，后续根据结构再调整，如图 1-52 所示。

（7）耳机杆壳对强度有一定的要求，料厚要做到 0.80mm，如图 1-53 所示。

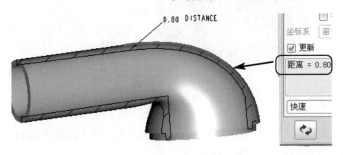

图 1-53　耳机杆壳料厚

（8）耳机面壳对强度有一定的要求，料厚要做到 0.90mm，如图 1-54 所示。

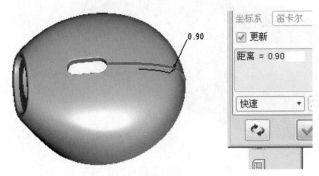

图 1-54　耳机面壳料厚

（9）耳机尾塞料厚做到1.20mm，如图1-55所示。

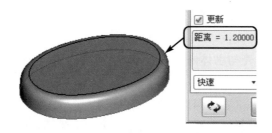

图1-55 耳机尾塞料厚

（10）耳机装饰圈采用铝合金材料，通过CNC切削加工，料厚为0.60mm，产品高度为0.80mm，如图1-56所示。如果耳机装饰圈过薄、过小，则会造成加工不良率高。

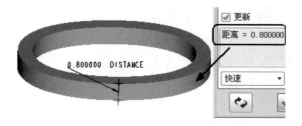

图1-56 耳机装饰圈料厚

（11）完成建模的整个产品如图1-57所示。

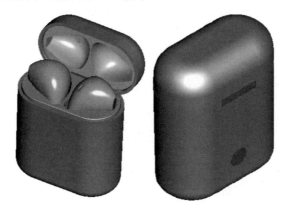

图1-57 完成建模的整个产品

1.4.4 零件之间的间隙讲解

在建模拆件时，设置零件的间隙很重要，不合理的间隙会造成零件装配过紧、过松、段差、内缩等缺陷。尤其对于TWS蓝牙耳机这种比较精密的产品来说，外形的精致程度很关键，直接决定了产品的档次定位，影响产品的销售价格。TWS蓝牙耳机模具属于精密模具，对于由结构设计不合理造成的产品缺陷，通过修改模具再来改善会很困难，尤其耳机面壳及耳机杆壳的模具，修改过多会越改越差，甚至报废。

本节讲解的内容虽然是这款 TWS 蓝牙耳机的间隙设计，但对大部分比较精密的产品也适用。

（1）充电盒主体外壳与主体内壳的间隙设计要考虑以下因素：

① 不需要拆卸。

② 属于二级外观面，要使四周间隙能看得到。

③ 合页的固定件是通过充电盒主体与主体内壳夹紧固定的。

④ 塑胶注塑误差会造成零件尺寸偏差、装配误差。

结合以上几点，充电盒主体外壳与主体内壳的四周间隙为 0.05mm，如图 1-58 所示。

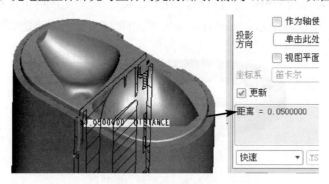

图 1-58　主体外壳与主体内壳的间隙

（2）充电盒翻盖外壳与翻盖内壳的四周间隙为 0.05mm，如图 1-59 所示。

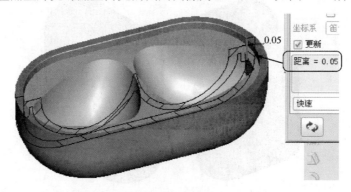

图 1-59　翻盖外壳与翻盖内壳的间隙

（3）合页与充电盒主体部分的间隙设计要考虑以下因素：

① 合页需要翻转运动。

② 合页是压铸件，表面电镀。

③ 充电盒主体部分表面是素材，无后处理工艺。

④ 塑胶注塑误差会造成零件尺寸偏差、装配误差。

结合以上几点，合页固定件与主体外壳的间隙为 0.06mm，合页翻转件与主体外壳的间隙为 0.10mm，如图 1-60 所示。

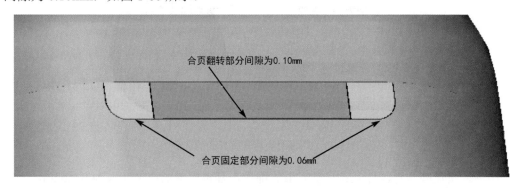

图 1-60　合页与主体外壳的间隙

（4）充电盒主体外壳与翻盖外壳的间隙为 0.00mm，主体内壳与翻盖内壳的间隙为 0.15mm，如图 1-61 所示。

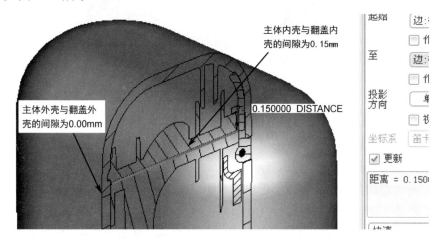

图 1-61　充电盒主体部分与翻盖部分的间隙

（5）按键与主体外壳都是素材，不需要后处理工艺，间隙为 0.10mm，如图 1-62 所示。

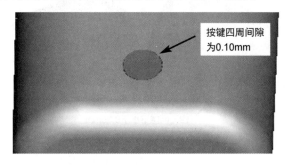

图 1-62　按键与主体外壳的间隙

（6）耳机面壳与耳机杆壳的间隙为 0.00mm，如图 1-63 所示。

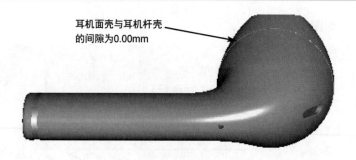

图 1-63　耳机面壳与耳机杆壳的间隙

（7）耳机尾塞与耳机杆壳、耳机五金装饰件与耳机尾塞的内侧间隙为 0.02mm，为防止耳机五金装饰件突出刮手，外表面内凹 0.02mm，如图 1-64 所示。

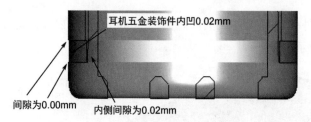

图 1-64　耳机尾塞与耳机五金装饰件的间隙

（8）耳机与充电盒翻盖内壳的间隙设计要考虑以下因素：

① 翻盖部分经常要沿合页的旋转轴打开，打开过程角度是变化的。

② 耳机外表面的工艺。

③ 充电盒翻盖内壳减胶改模是很困难的。

④ 塑胶注塑误差会造成零件尺寸偏差、装配误差。

结合以上几点，耳机与充电盒翻盖内壳的间隙不小于 0.35mm，如图 1-65 所示。

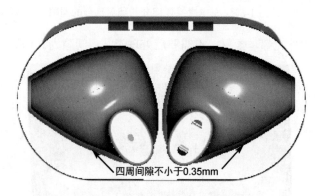

图 1-65　耳机与充电盒翻盖内壳的间隙

（9）耳机与充电盒主体内壳的间隙设计要考虑以下因素：

① 耳机需要经常取放。

② 耳机外表面的工艺。

③ 充电盒主体内壳的拔模角度。

④ 充电盒主体内壳减胶改模是很困难的。

⑤ 塑胶注塑误差会造成零件尺寸偏差、装配误差。

结合以上几点，耳机与充电盒主体内壳的间隙不小于 0.20mm，如图 1-66 所示。

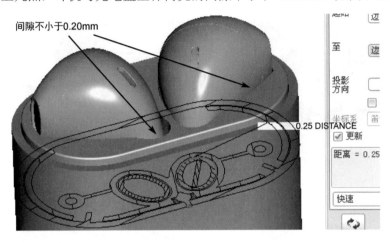

图 1-66　耳机与充电盒主体内壳的间隙

技巧提示

耳机与充电盒主体内壳及翻盖内壳的间隙的主要作用不是限位，在设计时可适当放大一点间隙，尤其是翻盖内壳与耳机的间隙，一定要模拟翻盖的过程，看是否会碰到耳机。

1.5　结构设计要点详解

本节主要讲解此款产品的结构设计要点及难点，让读者朋友能够学到比较复杂的产品结构设计的一些技巧及技能，以便在工作中能够将这些知识加以运用，并能举一反三。

本节将这款 TWS 蓝牙耳机分为耳机结构与充电盒结构两大部分来分析。

耳机结构包括耳机面壳与耳机杆壳之间的结构、耳机面壳内部结构、耳机杆壳内部结构、耳机尾塞结构等；充电盒结构包括主体部分与翻盖部分之间的结构、翻盖部分结构、主体部分结构、PCBA 及固定结构等。

1.5.1 耳机面壳与耳机杆壳之间的结构设计要点讲解

（1）耳机面壳与耳机杆壳外形尺寸都比较小，但对外形美观度要求很高。二者的结构连接首选卡扣，采用环形卡扣，耳机面壳做母扣，扣位通过斜顶出模，耳机杆壳做公扣，用斜顶或者滑块出模，如图 1-67 所示。卡扣设计是关键，不合理的卡扣在接合面会造成明显段差。

图 1-67　耳机面壳与耳机杆壳的卡扣

（2）将环形卡扣切成三段，有利于模具出模，如图 1-68 所示。

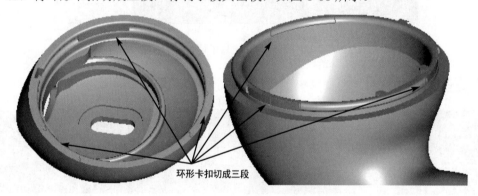

图 1-68　环形卡扣切成三段

（3）环形卡扣扣合量为 0.20～0.25mm，并预留 0.10mm 左右的加胶空间，以便实配增加卡扣量。将卡扣配合面设计成 10°左右的斜面，间隙为 0.00～0.03mm，卡扣截面图如图 1-69 所示。

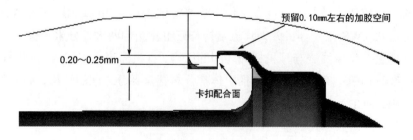

图 1-69　卡扣截面图

（4）在耳机杆壳与耳机面壳上设计一个限位结构，间隙为 0.05mm，如图 1-70 所示。

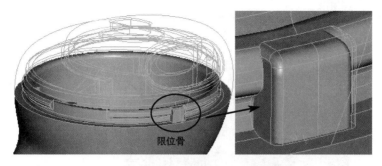

限位骨

图 1-70　耳机杆壳与耳机面壳的限位结构

1.5.2　耳机面壳内部结构设计要点讲解

（1）半入耳式的 TWS 蓝牙耳机喇叭规格很多，常用的规格型号有 1029（直径为 10.00mm，厚度为 2.90mm），1435（直径为 14.20mm，厚度为 3.50mm）等。超薄喇叭的规格型号有 1422（直径为 14.20mm，厚度为 2.20mm），1325（直径为 13.00mm，厚度为 2.50mm）等。图 1-71 所示为 1029 喇叭的尺寸。

（2）要求这款耳机能装 1029 与 1422 两种规格的喇叭，在进行结构设计时要使二者兼容。耳机面壳长骨位限位喇叭 1029，间隙为 0.05～0.10mm，喇叭通过双面胶固定在耳机面壳上，为了保证比较好的音质效果，喇叭四周通过胶水密封，防止漏音，如图 1-72 所示。

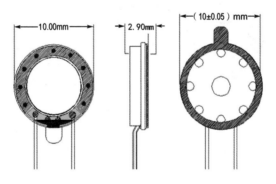

图 1-71　1029 喇叭的尺寸

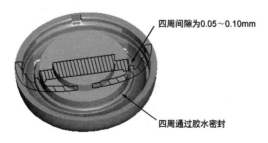

四周间隙为0.05～0.10mm

四周通过胶水密封

图 1-72　1029 喇叭固定结构

（3）在耳机面壳上设计结构限位喇叭 1422，间隙为 0.05～0.10mm，喇叭通过双面胶固定在耳机面壳上，为了保证比较好的音质效果，喇叭四周通过胶水密封，防止漏音，如图 1-73 所示。

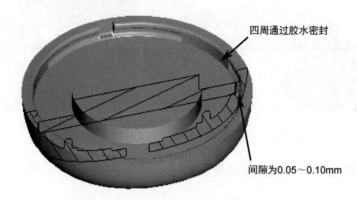

图 1-73　1422 喇叭固定结构

（4）1422 喇叭前音腔下的骨位是用来限位 1029 喇叭的，要尽量做低，以减小对 1422 喇叭音质的影响，如图 1-74 所示。

图 1-74　1422 喇叭前音腔骨位做低

（5）喇叭前音腔设置调音孔，用调音网遮挡，既能满足调音效果又可以防尘。调音网材料有无纺布、尼龙网、钢网等，材料不同厚度也不同，厚度一般为 0.10～0.20mm，四周限位间隙为 0.10mm，通过双面胶固定调音网，如图 1-75 所示。

图 1-75　喇叭调音孔及调音网

（6）喇叭出音孔的大小直接影响声音的大小，出音孔过小会导致播放声音小与音质差，出音孔过大会导致喇叭声音不集中与音质差。按照喇叭规格书的要求设计出音孔的面积。如果没有规格书，建议出音孔的面积为喇叭本身面积的8%～15%。出音孔用出音网遮挡防尘，出音网材料有无纺布、尼龙网、钢网等，材料不同厚度也不一样，厚度一般为0.10～0.20mm，四周限位间隙为0.10mm，通过双面胶固定出音网，如图1-76所示。

图1-76 喇叭出音孔及出音网

1.5.3 耳机杆壳内部结构设计要点讲解

（1）耳机杆壳的外形异形，曲面较多，外部可以通过模具行位出模，耳机杆壳内部空间太小，不能通过行位或者斜顶出模，首先要解决耳机杆壳内部模具倒扣的问题，如图1-77所示。

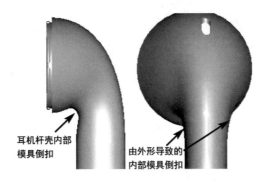

图1-77 耳机杆壳内部模具倒扣

解决耳机杆壳内部模具倒扣问题的方法是在耳机杆壳内部进行加胶补平处理，如图1-78所示。

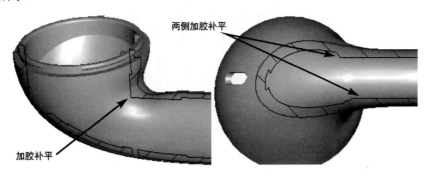

图1-78 耳机杆壳内部加胶补平

（2）耳机电池装在耳机杆壳里，耳机电池型号为 451010（长度为 10.00mm，宽度为 10.00mm，厚度为 4.50mm），容量约为 30mAh。电池通过 EVA 泡棉和双面胶固定在耳机杆壳内，用导线焊接在 PCB 上，给 PCB 提供电源。对于 30mAh 的电池，采用低功耗 TWS 蓝牙耳机芯片，耳机正常播放时间为 3h 左右。耳机杆壳的电池固定如图 1-79 所示。

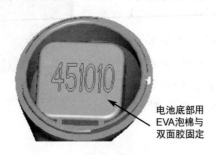

图 1-79　耳机杆壳的电池固定

 技巧提示

　　耳机电池材料大部分是钴锂，型号有很多种，常用的型号有 501012（容量约为 40mAh）、451012（容量约为 35mAh）、541112（容量约为 40mAh）、601111（容量约为 40mAh）等，电池形状有方形与圆柱形。不同的耳机根据内部空间及摆放位置选用合适的电池型号及形状，电池容量越大，耳机播放时间就越长，但需要的空间也就越大。

　　（3）在耳机杆壳内安装一块磁铁，在充电盒主体内壳相对应的位置也安装一块磁铁，根据磁铁异极相吸的原理，将耳机固定在充电盒内。耳机杆壳内的磁铁尺寸根据内部空间来设计，磁铁形状可以设计为方形，也可以设计为圆形。在耳机杆壳上设计骨位限位磁铁，间隙为 0.05～0.10mm，磁铁的长度为 4.00mm，宽度为 3.50mm，厚度为 1.20mm，通过胶水固定，防止松动。耳机磁铁如图 1-80 所示。

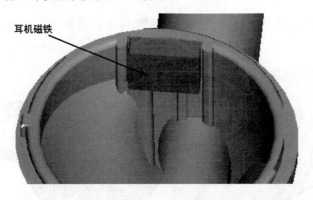

图 1-80　耳机磁铁

　　（4）根据耳机杆壳的内部空间设计 PCB 的外形，耳机 PCB 尺寸比较小，但需要布置的电子元器件不少,在设计时需要与电子硬件工程师沟通 PCB 的尺寸能否满足设计电路的需求。耳机 PCB 的厚度为 0.60~0.80mm,此款 TWS 蓝牙耳机 PCB 的厚度为 0.70mm,有 6 层板,固定在耳机杆壳内,如图 1-81 所示。

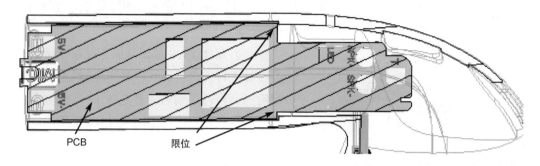

图 1-81　耳机杆壳 PCB 固定

在 PCB 上要画出对结构有影响的电子元器件,如 LED、MIC、主芯片等,以便检查与耳机杆壳是否存在干涉。在 PCB 上还要画出焊盘的位置,如喇叭焊盘、电池焊盘等,以方便硬件工程师在设计电路时确定位置。图 1-82 所示为耳机杆壳 PCB 的正面。

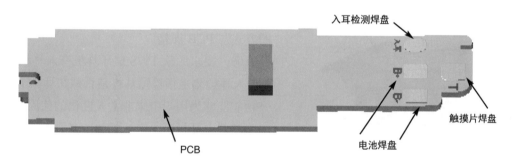

图 1-82　耳机杆壳 PCB 的正面

图 1-83 所示为耳机杆壳 PCB 的背面。

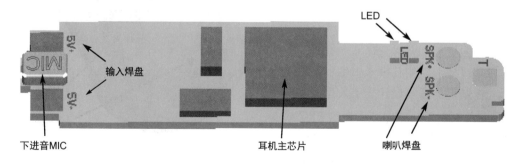

图 1-83　耳机杆壳 PCB 的背面

技巧提示

> 在 PCB 上设计焊盘时，对于不同作用的焊盘最好采用不同的形状，这样设计的好处是在焊接时能很容易识别焊盘，不容易焊错。

图 1-84　耳机杆壳内的触摸片

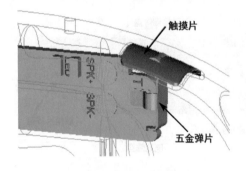

图 1-85　触摸片的连接

器与电容式感应传感器等。光感传感器灵敏度高，体验感好，但成本高，体积大，装配复杂。电容式感应传感器的灵敏度容易受温度及湿度的影响，但成本较低，装配简单。

这款 TWS 蓝牙耳机采用电容式感应传感器。在结构上需要设计一个入耳检测五金片，五金片材料选用铜箔或者定制 FPC 式入耳检测片，厚度为 0.10mm，在耳机杆壳内切凹槽限位入耳检测铜片，入耳检测铜片通过双面胶固定，防止松动，并用导线焊接在 PCB 上，如图 1-86 所示。

（5）此款 TWS 蓝牙耳机通过触控操作，需要在耳机杆壳内设计一个触摸片，触摸片是金属材质的，可以用铜箔或者定制 FPC 式触摸片，尺寸及形状根据内部空间来设计。常用的规格是 4.00mm×4.00mm×0.10mm（长×宽×厚），在耳机杆壳内切凹槽限位触摸片，触摸片通过双面胶固定，防止松动，如图 1-84 所示。

设计五金弹片将触摸片与 PCB 连接在一起，五金弹片材料选用铜片，厚度为 0.15mm，与触摸片过盈不小于 0.20mm，如图 1-85 所示。

除了用弹片连接，触摸片也可以用导线焊接的方式与 PCB 连接。

（6）要求此款 TWS 蓝牙耳机有入耳检测功能，入耳检测是指检测耳机是否戴在耳朵上，这一功能能够为用户带来非常人性化的使用体验，当用户戴上耳机时，音乐播放；当取下耳机时，音乐将暂停播放。

能实现入耳检测功能的元器件有光感传感

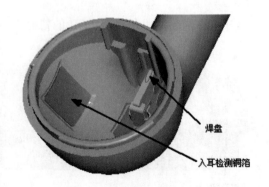

图 1-86　入耳检测片及其连接

（7）耳机杆壳背部有一个孔，用防尘网遮挡防尘，防尘网材料有无纺布、尼龙网、钢网等，材料不同厚度也不一样，厚度一般为 0.10～0.20mm，四周限位间隙为 0.10mm，通过双面胶固定，如图 1-87 所示。

图 1-87　耳机杆壳背部防尘网

1.5.4　耳机尾塞结构设计要点讲解

（1）耳机尾塞采用卡扣与胶水固定在耳机杆壳上，耳机尾塞做公扣，耳机杆壳做母扣，设计四个卡扣，每侧各两个，如图 1-88 所示。耳机杆壳上的母扣通过强脱出模，扣合量为 0.10mm，由于耳机杆壳此处的料厚比较薄（0.60mm），强脱扣位过大会造成耳机杆壳裂开，模具出模困难。

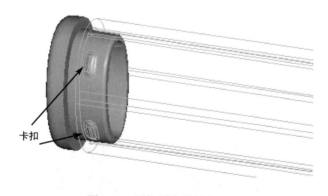

图 1-88　耳机尾塞的固定

技巧提示

　　耳机尾塞上设计了卡扣，为什么还要用胶水固定呢？不设计卡扣只用胶水固定行不行？因为耳机尾塞的卡扣扣合量小，胶水的作用是辅助固定，以免脱落。不设计卡扣，只用胶水固定也是可以的，模具也简单一些，但是有卡扣更好装配。

（2）根据实际装配的效果，先将耳机五金装饰件套在耳机尾塞上，不能松动，再与耳机杆壳夹紧，如图 1-89 所示。

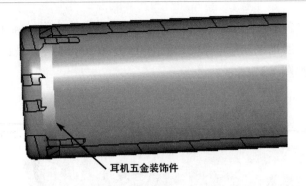

图 1-89　耳机五金装饰件的固定

（3）要使充电盒给耳机充电，需要设计充电的五金件，材料为黄铜，表面镀金。充电五金件共两个，一个是正极，一个是负极，通过焊接的方式将其固定在 PCB 上，如图 1-90 所示。

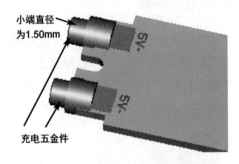

图 1-90　耳机充电五金件的固定

（4）耳机尾塞开孔以避开充电五金件，间隙为 0.05～0.10mm，如图 1-91 所示。

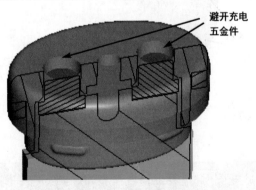

图 1-91　耳机尾塞开孔以避开充电五金件

（5）耳机麦克风的进音孔设计在耳机尾塞的中间位置，为了保证良好的通话效果，耳机麦克风采用下进音，图 1-92 所示是下进音的耳机麦克风尺寸图。

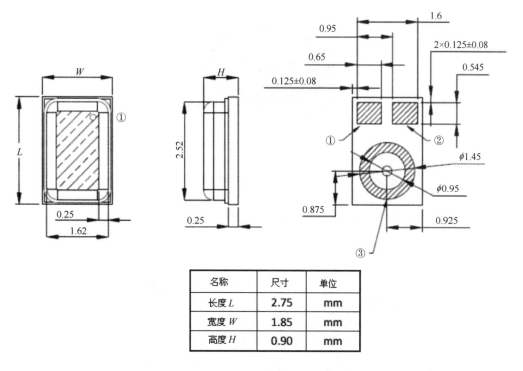

名称	尺寸	单位
长度 L	2.75	mm
宽度 W	1.85	mm
高度 H	0.90	mm

图 1-92　下进音的耳机麦克风尺寸图

（单位为 mm）

若耳机麦克风采用下进音，则 PCB 上需要开槽，如图 1-93 所示。

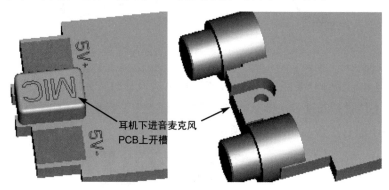

耳机下进音麦克风
PCB上开槽

图 1-93　耳机麦克风 PCB 上开槽

（6）耳机麦克风的进音孔用防尘网遮挡防尘，防尘网材料有无纺布、尼龙网、钢网等，材料不同厚度也不一样，厚度一般为 0.10～0.20mm，四周限位间隙为 0.10mm，通过双面胶固定，如图 1-94 所示。

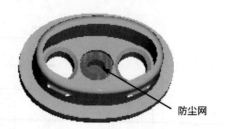

图 1-94　耳机麦克风防尘网

1.5.5　充电盒主体部分与翻盖部分之间的结构设计要点讲解

（1）充电盒主体部分与翻盖部分通过合页连接，合页由三个零件组成，分别是固定件、旋转件、旋转轴，如图 1-95 所示。

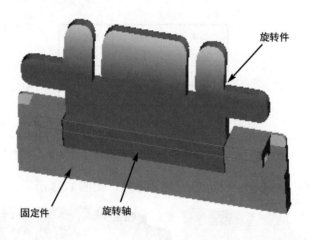

图 1-95　耳机合页组成

（2）充电盒翻盖部分要能旋转打开，在进行结构设计时首先要确定旋转轴的中心位置。旋转轴的中心位置是通过多次模拟确定的，要保证充电盒翻盖部分打开角度在 100°左右，旋转过程中不能有干涉，如图 1-96 所示。

图 1-96　充电盒翻盖部分打开角度

（3）旋转轴的定位尺寸如图 1-97 所示，以后读者朋友在设计同类型的产品需要确定旋转轴的中心位置时，可以先把这个数值作为初始数值，再通过实际模拟进行调整。

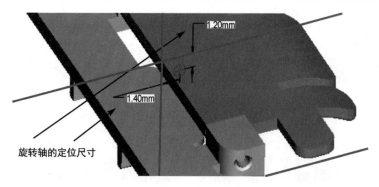

图 1-97　旋转轴的定位尺寸

（4）将旋转轴做在合页上，旋转轴直径为 1.00mm，间隙为 0.05mm，材料可选用钢材，表面电镀，对品质要求高的产品可选择硬度较高的 304 不锈钢，旋转轴尺寸如图 1-98所示。

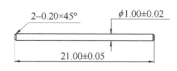

材料：304不锈钢，高硬度，表面银色光亮

图 1-98　旋转轴尺寸

（单位为 mm）

（5）合页的旋转件通过插骨和卡扣固定在翻盖外壳上，再通过翻盖内壳配合固定，如图 1-99 所示。为了便于装配，卡扣的扣合量设计采用"先少后加"的方式，即初始数值设计为 0.30mm，预留增加的空间，后续根据实际装配情况再调整到位。

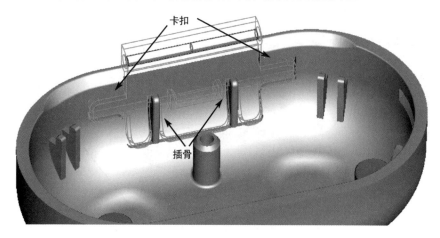

图 1-99　合页旋转件的固定

（6）翻盖外壳切避空位，防止旋转过程中与主体外壳干涉，如图 1-100 所示。

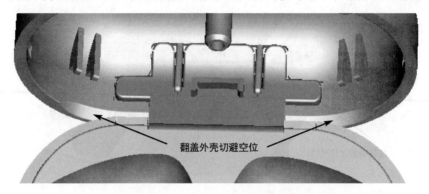

图 1-100　翻盖外壳切避空位

（7）主体外壳切避空位，防止旋转过程中与合页干涉，如图 1-101 所示。

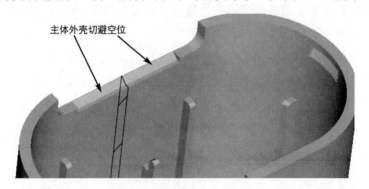

图 1-101　主体外壳切避空位

（8）合页的固定件通过插骨和卡扣固定在主体内壳上，再通过主体外壳配合固定，如图 1-102 所示。为了便于装配，卡扣的扣合量设计采用"先少后加"的方式进行，即初始数值设计为 0.30mm，预留增加的空间，后续根据实际装配情况再调整到位。

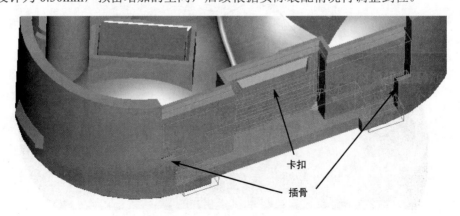

图 1-102　合页固定件的固定

📋 **技巧提示**

　　设计往往都是理想化的，但理想化的设计容易受各个环节的影响，如模具制造的精度，产品注塑的误差，机械加工的精度、装配工艺的管控等，从而很难达到理想化的设计。这就需要在研发阶段不断地试装及测试、修改，以满足产品的需求。就TWS蓝牙耳机来说，合页的固定很重要，需要充电盒主体部分与翻盖部分相互配合才能固定好合页，除了结构设计很关键，还要在后续模具制造出来后，对产品进行不断的试装及测试、修正。合页的固定如图1-103所示。

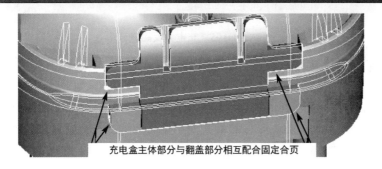

充电盒主体部分与翻盖部分相互配合固定合页

图1-103　合页的固定

　　（9）为了防止翻盖部分闭合后反弹张开，主体部分与翻盖部分除了用合页连接，还要设计两对磁铁，利用磁铁异极相吸的性能将翻盖部分吸紧。磁铁形状设计成方形或者圆形，材料选用N45或者N50（满足吸力要求即可），主体部分与翻盖部分的磁铁中心要尽量对齐，这样才能保证磁力最大。此款TWS蓝牙耳机的磁铁直径为4.00mm，厚度为3.00mm，材料选用N50，磁铁采用紧配加胶水的方式固定，如图1-104所示。

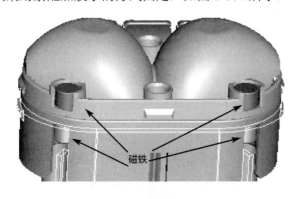

磁铁

图1-104　充电盒磁铁

　　（10）为了防止翻盖部分打开后自动反弹闭合，造成使用不便，在靠近合页处设计一对反磁铁，利用磁铁同极相斥的性能将翻盖部分推开。磁铁形状设计成方形或者圆形，材料选用N45或者N50（满足吸力要求即可），主体部分与翻盖部分的磁铁中心要尽量对齐，这样才能保证磁力最大。此款 TWS 蓝牙耳机的反磁铁直径为 3.50mm，厚度为 3.50mm，材料选用 N50，磁铁采用紧配加胶水的方式固定，如图 1-105 所示。

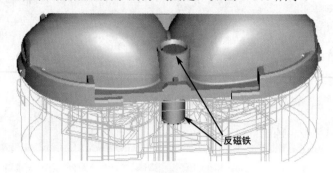

图 1-105　充电盒反磁铁

1.5.6　充电盒翻盖部分结构设计要点讲解

（1）翻盖外壳与翻盖内壳的结构选用卡扣连接，设计三个卡扣，公扣宽度为 5.00mm，扣合量为 0.40mm，预留 0.20mm 左右的空间用于后续增加扣合量。翻盖外壳做母扣，扣位通过模具斜顶出模，翻盖内壳做公扣，前模枕位出模，具体如图 1-106 所示。

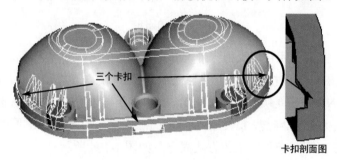

图 1-106　翻盖外壳与翻盖内壳的固定

（2）翻盖内壳的上表面做细磨砂处理，但避空耳机的凹槽位要抛光。为了便于凹槽位抛光，在进行模具设计时要将凹槽位拆分出来做成镶件，因此在进行结构设计时要将翻盖内壳的上表面做成平面，尽量不设计弧形或者斜面，以免增加模具制造难度。翻盖内壳的上表面处理如图 1-107 所示。

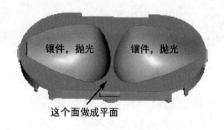

图 1-107　翻盖内壳的上表面处理

（3）翻盖内壳位于翻盖外壳内，四周间隙为 0.05mm，具有止口的功能，但还需要增加反止口与支撑骨位，间隙为 0.05mm，如图 1-108 所示。

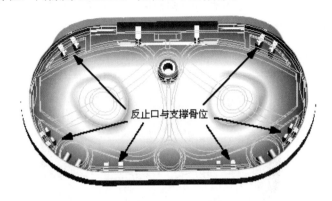

图 1-108　反止口与支撑骨位

（4）在翻盖内壳与翻盖外壳上设计一个定位柱，间隙为 0.02mm，如图 1-109 所示。

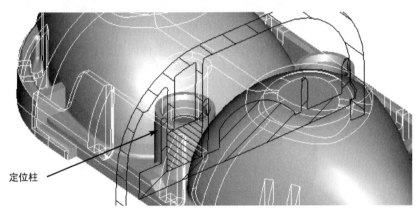

图 1-109　定位柱

（5）在翻盖内壳上安装四个磁铁，其中有两个翻盖闭合磁铁，一个翻盖打开反磁铁，一个霍尔磁铁，如图 1-110 所示。

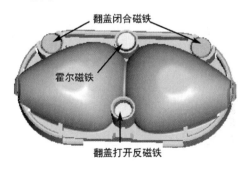

图 1-110　磁铁分布

1.5.7　充电盒主体部分结构设计要点讲解

（1）充电盒主体外壳与主体内壳的结构选用卡扣连接，主体外壳做母扣，扣位通过模具斜顶出模，主体内壳做公扣。共设计四个卡扣，公扣宽度为 5.00mm，扣合量为 0.40mm，预留 0.20mm 左右的空间用于后续调整扣合量，如图 1-111 所示。

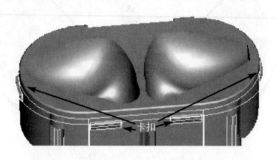

图 1-111　充电盒主体外壳与主体内壳的固定

（2）主体内壳上表面做细磨砂处理，但避空耳机的凹槽位要抛光。为了便于凹槽位抛光，在进行模具设计时要将凹槽位拆分出来做成镶件，因此将主体内壳的上表面做成平面，尽量不设计弧形或者斜面，以免增加模具制造难度。主体内壳的上表面处理如图 1-112 所示。

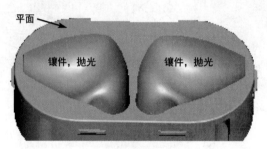

图 1-112　主体内壳的上表面处理

（3）主体内壳大部分伸到主体外壳内，只有一小段在主体外壳上面，为了防止伸出的小段在分型面处产生披锋，将主体内壳卡扣的平面设置成模具分型面，如图 1-113 所示。

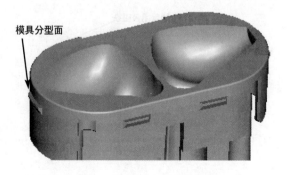

图 1-113　主体内壳的模具分型面

（4）主体内壳位于主体外壳内，四周间隙为 0.05mm，具有止口的功能，但还需要增加支撑骨位，间隙为 0.05mm，如图 1-114 所示。

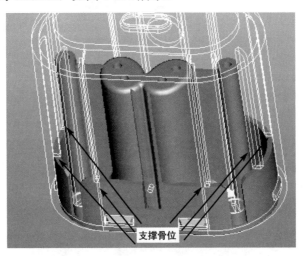

图 1-114　主体内壳支撑骨位

这里不设计反止口，主要有两个原因：

① 主体内壳强度好，且大部分伸到主体外壳内，不容易变形。

② 主体部分装有 PCBA、电池等配件，返修的概率大，设计反止口会导致拆卸困难。

（5）在主体内壳上安装五个磁铁，其中有两个翻盖闭合磁铁，两个耳机磁铁，一个翻盖打开反磁铁。耳机磁铁尺寸为 8.00mm×3.50mm×2.50mm（长×宽×厚），材料选用 N50，磁铁采用紧配加胶水的方式固定，如图 1-115 所示。

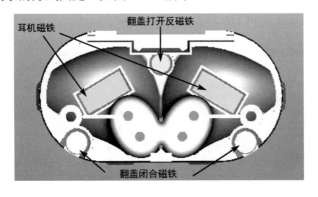

图 1-115　主体内壳的磁铁

1.5.8　充电盒 PCBA 及固定结构设计要点讲解

（1）根据充电盒主体部分的内部空间设计充电盒 PCB 的外形，充电盒 PCB 厚度不小于 0.60mm，建议设计厚度为 0.80～1.20mm，此款 TWS 蓝牙耳机的 PCB 厚度为 1.00mm，采用双面板，如图 1-116 所示。

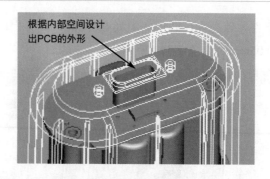

图 1-116　充电盒 PCB 的外形设计

（2）在 PCB 上要画出对结构有影响的电子元器件，如耳机接触弹针、按键、USB 连接器等，以便检查是否存在干涉。在 PCB 上还要画出焊盘位置，如电池焊盘等，以方便硬件工程师在设计电路时确定位置。图 1-117 所示为充电盒 PCBA 正面。

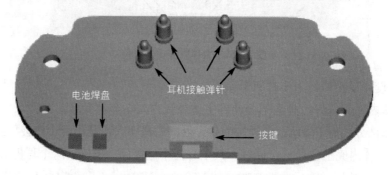

图 1-117　充电盒 PCBA 正面

图 1-118 所示为充电盒 PCBA 背面。

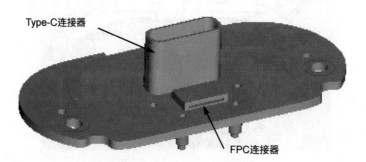

图 1-118　充电盒 PCBA 背面

（3）PCB 通过螺钉固定在充电盒主体内壳上，用 2 个规格为 PB1.70×4.0mm 的自攻牙螺钉。在 PCB 上还需要设计限位结构，在螺钉旁边设计两个限位圆柱，直径为 1.00mm，与 PCB 间隙为 0.05mm，如图 1-119 所示。

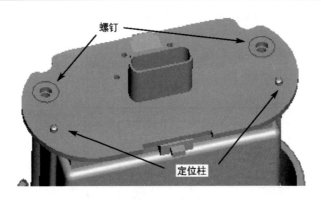

图 1-119 充电盒 PCBA 的固定

📋 **技巧提示**

> 如果空间允许，螺钉与定位柱最好采用对角布置的方式，对角布置方式有利于 PCBA 的固定及装配。

（4）充电盒给耳机电池提供电源，采用弹簧顶针与耳机连接。

弹簧顶针又称 POGO PIN、弹簧针等，是一种由针头、弹簧、针管三个基本部件通过精密仪器铆压之后形成的弹簧式接触针，其内部有一个精密的弹簧结构。POGO PIN 的针头底部一般做成斜面结构，斜面结构的作用是确保 POGO PIN 在工作时保持针头与针管内壁接触，让电流主要通过镀金的针头和针管传导，确保 POGO PIN 在工作时稳定及具有较低阻抗，以提高导电性能与使用寿命。

POGO PIN 的针头及针管材料大部分是黄铜，弹簧材料一般为不锈钢。针头及针管的表面采用镀金处理，可以更好地提高其防腐蚀性能、机械性能、电气性能等。POGO PIN 具有体积小、质量轻、使用寿命长、连接稳定等特点，广泛应用于手机、通信、汽车、数码、医疗、航空航天等领域。图 1-120 所示为 POGO PIN 的基本组成。

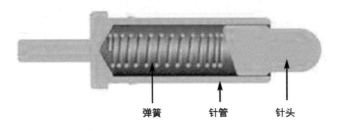

图 1-120 POGO PIN 的基本组成

弹簧顶针的规格型号很多，可以根据产品的需求选择合适的型号，此款 TWS 蓝牙耳机选用长度为 3.50mm 的穿板式弹簧顶针，其尺寸如图 1-121 所示。

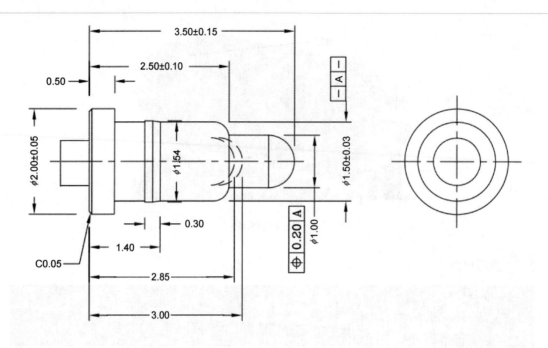

图 1-121　弹簧顶针尺寸

（单位为 mm）

技巧提示

　　穿板式弹簧顶针在针管的尾部留有一段圆柱，将其插入 PCB 中，不仅焊接时方便定位，而且焊接稳定，不容易脱落。穿板式弹簧顶针安装示意图如图 1-122 所示。

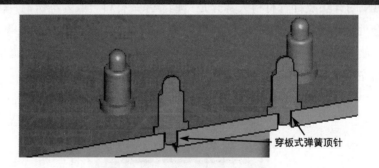

图 1-122　穿板式弹簧顶针安装示意图

　　TWS 蓝牙耳机的左、右耳机共需要四个弹簧顶针，弹簧顶针的力度一般为 30gf 左右，每一款耳机需要的力度不一定相同，要根据耳机质量、磁铁的磁力大小、接触的高度选择合适的力度。弹簧顶针中心与耳机铜柱的中心要对齐，弹簧顶针预压 0.50mm 左右，如图 1-123 所示。

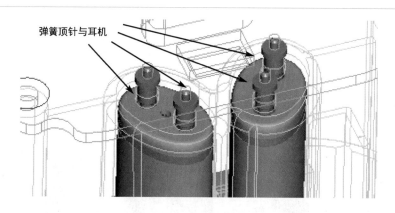

弹簧顶针与耳机

图 1-123　弹簧顶针与耳机

（5）充电盒给耳机提供电量，因此充电盒的电池容量要比耳机的电池容量大，充电盒电池规格很多，常用的型号有 702030（容量约为 400mAh）、502035（容量约为 320mAh）、602035（容量约为 400mAh）、602525（容量约为 300mAh）等。不同耳机的充电盒根据内部空间及摆放位置选用合适的电池型号及形状，电池容量越大，给耳机充电的次数就越多，耳机待机与使用时间也就越长。图 1-124 所示为电池 702030 的尺寸图。

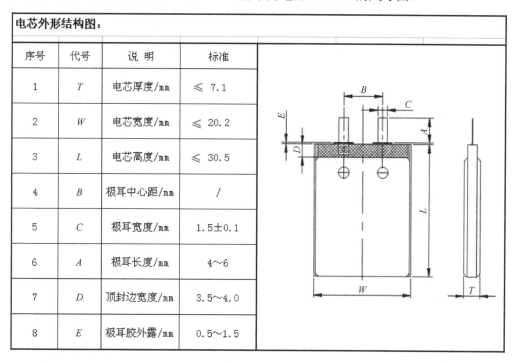

电芯外形结构图：

序号	代号	说　明	标　准
1	T	电芯厚度/mm	≤ 7.1
2	W	电芯宽度/mm	≤ 20.2
3	L	电芯高度/mm	≤ 30.5
4	B	极耳中心距/mm	/
5	C	极耳宽度/mm	1.5±0.1
6	A	极耳长度/mm	4～6
7	D	顶封边宽度/mm	3.5～4.0
8	E	极耳胶外露/mm	0.5～1.5

图 1-124　电池 702030 的尺寸图

电池根据是否带保护板分为有保护板的电池与无保护板的电池两种，有保护板的电池成本比无保护板的电池成本高，但安全性更强，电池有保护板能避免在组装过程中电极相接触造成的短路风险。

电池无保护板并不代表产品就不安全，保护电池的电路集成在充电盒的 PCB 上。有保护板的电池与无保护板的电池的充电盒 PCB 正面如图 1-125 所示。

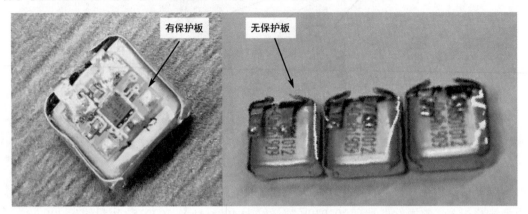

图 1-125　有保护板的电池与无保护板的电池的充电盒 PCB 正面

充电盒电池固定在主体内壳上，四周限位，顶部设有 EVA 泡棉预压缓冲。电池通过焊线连接到 PCB 上，如图 1-126 所示。

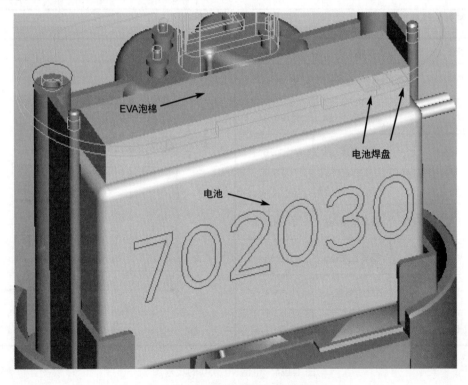

图 1-126　充电盒电池的固定与连接

（6）充电盒要有开盖检测功能，采用霍尔元件和磁铁相结合的方式能实现这一功能。霍尔元件是应用霍尔效应的半导体，是一种基于霍尔效应的磁传感器，用于检测磁场及其变化，可在各种与磁场有关的场合中使用。

霍尔元件具有许多优点，其结构牢固，体积小，质量轻，寿命长，安装方便，功耗小，耐震动，不怕灰尘、油污、水汽及盐雾等的污染或腐蚀，应用非常广泛。

以 TWS 蓝牙耳机为例解释霍尔元件的作用，霍尔元件安装在充电盒的主体部分，在充电盒翻盖部分相对应的地方安装一个磁铁。当打开翻盖部分时，霍尔元件检测到磁场的变化，霍尔元件的电压发生改变，从而给控制芯片传递信号，实现耳机开机和指示灯的改变等操作。当合上翻盖部分时，霍尔元件又检测到磁场的变化，霍尔元件的电压又发生改变，重新给控制芯片传递信号，实现耳机关机和指示灯的改变等操作。

霍尔元件的中心与磁铁中心尽量对齐，二者的距离最好控制在 5.00mm 内，以提高识别率，如图 1-127 所示。

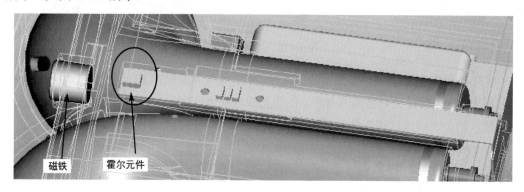

图 1-127　霍尔元件与磁铁

（7）要求充电盒指示灯不同的状态分别用绿色、红色、白色 LED 显示，需要三个 LED 来实现这个功能。由于主体外壳的指示灯显示孔到充电盒 PCB 的距离比较远，不能将 LED 放置在充电盒 PCB 上，这就需要设计单独的 LED PCB。

LED 的 PCB 选用 FPC，将 LED 与霍尔元件布置在同一块 FPC 上，通过 FPC 连接器与充电盒 PCB 连接，既实现了不同的显示功能又便于安装，如图 1-128 所示。

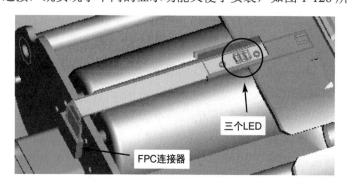

图 1-128　LED 的 FPC

（8）由于主体外壳颜色为白色，LED 发出的光会透过外壳散发出去，造成发光不聚集，视觉效果差，在进行结构设计时要考虑给 LED 遮光，遮光的方式有很多种，大部分通过黑色物体来遮光。对于此款 TWS 蓝牙耳机，设计了一个黑色的遮光件，盖在 LED 上方，通过两个热熔柱与 FPC 连接在一起，如图 1-129 所示。

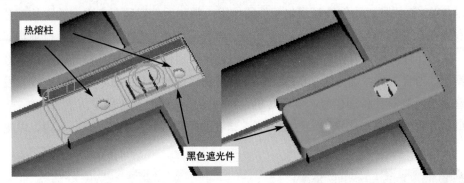

图 1-129　黑色遮光件

在主体外壳上设计一个半透明的透光件，与主体内壳紧配，LED 的光线会通过透光件发射出去。为了保证更好的透光效果，在透光件与主体外壳相接合的内面贴一层黑色的遮光薄片，防止光线通过透光件的裙边散发出去，如图 1-130 所示。

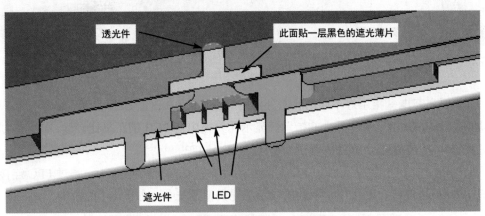

图 1-130　光源的遮挡与发射设计

（9）此款 TWS 蓝牙耳机通过 Type-C 连接器与外部连接，通过 Type-C 连接器可以给充电盒电池充电及传输数据等。

Type-C 是 USB 接口的一种连接方式，不分正反，两面均可插入，接口大小为 8.3mm×2.5mm，支持 USB 标准的充电、数据传输、显示输出等功能。

Type-C 连接器根据 USB 传输标准分为 2.0、3.0 及 3.1 或者后续更高标准的连接器。在进行元器件选型时，按照产品需求选择合适标准的连接器，标准高的连接器制造工艺复杂，价格也会更高。

Type-C 连接器具有外观超薄、不分正反、传输速度快、可扩展性强等优点，在数码产品、IT 产品、手机产品等领域得到了广泛的应用。

此款 TWS 蓝牙耳机选用 Type-C 2.0 标准的连接器，能满足充电、放电及基本的数据传输等要求，PIN 脚数量为 6PIN，外形为竖式，高度为 6.50mm，其尺寸图如图 1-131 所示。

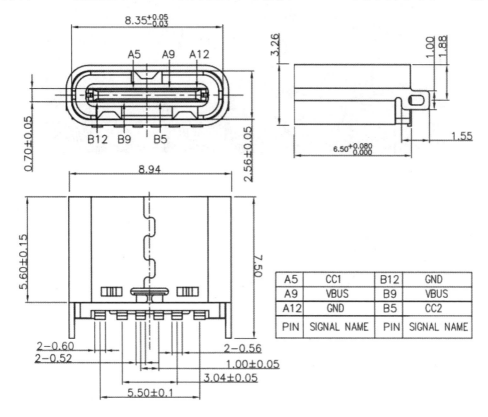

A5	CC1	B12	GND
A9	VBUS	B9	VBUS
A12	GND	B5	CC2
PIN	SIGNAL NAME	PIN	SIGNAL NAME

图 1-131 Type-C 连接器尺寸图

（单位为 mm）

Type-C 连接器通过贴片焊接的方式固定在 PCB 上，在进行结构设计时要确定 Type-C 连接器在 PCB 上的位置，如图 1-132 所示。

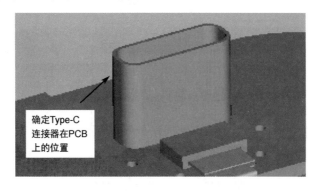

确定Type-C
连接器在PCB
上的位置

图 1-132 确定位置

在充电盒主体外壳 Type-C 连接器开口处设计一个五金装饰件，用来美化产品外观。装饰件与主体外壳的间隙设计为 0.05mm，如图 1-133 所示。

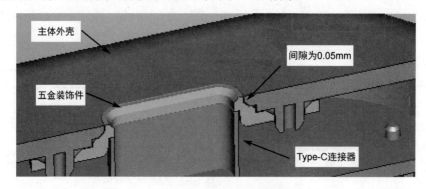

图 1-133　设计五金装饰件

五金装饰件采用锌合金材料，通过热熔的方式固定在主体外壳上，如图 1-134 所示。

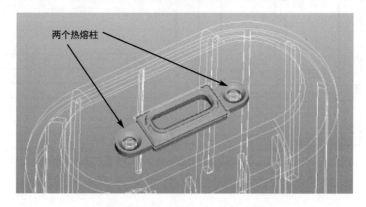

图 1-134　五金装饰件的固定

（10）充电盒的按键采用侧贴小型轻触开关，其尺寸及实物图如图 1-135 所示。

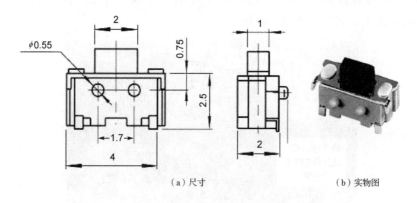

（a）尺寸　　　　　　　　　　（b）实物图

图 1-135　轻触开关尺寸及实物图

（单位为 mm）

对充电盒上的塑胶按键设计较长的弹性臂，弹性臂的顶部通过两条插骨限位于主体外壳上，如图 1-136 所示。

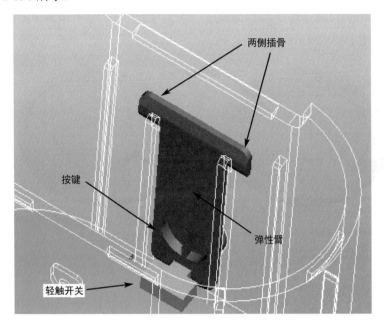

图 1-136　塑胶按键设计

塑胶按键的弹性臂与主体外壳的间隙为 0.05mm，塑胶按键与轻触开关的间隙为 0.05mm，如图 1-137 所示。

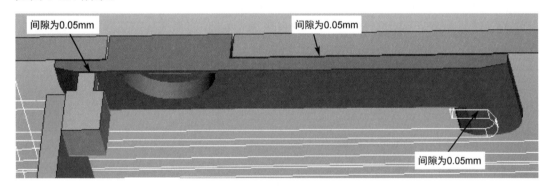

图 1-137　塑胶按键的间隙设计

1.6　产品结构设计总结

1.6.1　检查功能需求

现在统一检查这款 TWS 蓝牙耳机与结构相关的功能需求是否设计完成。

（1）输入与输出接口采用 Type-C 连接器。

检查结果：已设计完成，采用竖式 6.50mm 高的 Type-C 连接器。

（2）喇叭兼容 1422（直径为 14.20mm，厚度为 2.20mm）与 1029（直径为 10.00mm）两种规格，如图 1-138 所示。

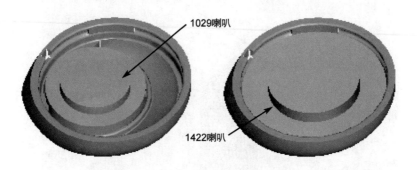

图 1-138　兼容两种喇叭

检查结果：已设计完成，耳机面壳上设计了两种喇叭的限位结构。

（3）耳机采用触摸控制的操作方式。

检查结果：已设计完成，耳机杆壳设计了触摸片。

（4）耳机电池容量不小于 30 mAh，充电盒电池容量不小于 380mAh。

检查结果：已设计完成，耳机电池采用 451010 型号，容量为 30mAh；充电盒电池采用 702030 型号，容量为 400mAh。

（5）产品外观颜色主要做白粉、全白两种配色。

检查结果：已设计完成，充电盒做素材白色高光处理，耳机壳体表面做粉色喷涂处理。全白外观的充电盒与耳机壳体都做素材白色高光处理。

（6）充电盒外观面、耳机外观面为高光效果。

检查结果：已设计完成，充电盒做素材白色高光处理，耳机壳体表面做粉色喷涂处理，耳机表面喷涂高光 UV 油漆。

（7）充电盒有一个电源开关键。

检查结果：已设计完成。

（8）充电盒具有开盖检测功能，不同的状态分别用绿色、红色、白色指示灯显示。

检查结果：已设计完成，采用霍尔元件和磁铁来实现开盖检测功能。绿色、红色、白色指示灯显示用三个 LED 来实现，并设计了遮光及导光结构。

（9）耳机及充电盒磁吸。

检查结果：已设计完成，并设计了开盖后的反磁铁效果。

（10）耳机具有入耳检测功能。

检查结果：已设计完成，采用电容式感应传感器，并在耳机杆壳上设计了入耳检测用的铜箔，将铜箔通过焊线的方式连接到耳机 PCB 上。

1.6.2　易出的问题点总结及解决方案

已讲解完这款 TWS 蓝牙耳机从 ID 效果图分析到结构重点这部分内容，还有一些容易出问题的地方，在进行结构设计时要重点注意。

（1）耳机尺寸小，精密度高，在耳机面壳与耳机杆壳的分型面处容易产生段差，导致刮手，如图 1-139 所示。

原因分析：

① 上壳及下壳分型面是一个圆形，这种圆形接合面很容易产生段差。

② 结构设计不合理造成段差。

③ 模具设计不合理及模具制造误差造成段差。

④ 注塑时胶件尺寸不稳定造成段差。

解决方案：

① 上壳及下壳分型面是一个圆形，这是由 ID 外形与结构需要决定的，本身不能改变，可以在表面喷涂油漆，减少刮手的可能性。

② 在进行结构设计时卡扣及间隙设计要合理，塑胶强度要够，避免产品变形。

③ 在进行模具设计时产品的穴数不要过多，太多的穴数互配产生段差的可能性很大。进胶口的设计、产品分模设计、排气设计等都需要有经验的模具设计师。耳机属于精密产品，对外观要求高，模具行位夹线很小，模具加工要用高精度的设备，这样可以减少模具制造的误差。

④ 注塑时调整参数，达到要求后锁定参数。

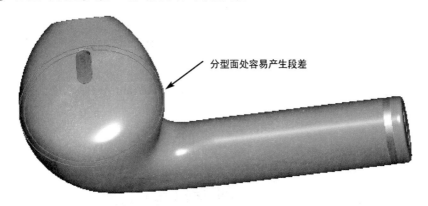

图 1-139　分型面处容易产生段差

（2）充电盒翻盖部分与主体部分在接合面处容易产生段差、缝隙，影响外观，如图 1-140 所示。

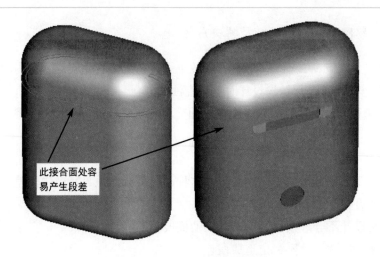

图 1-140　接合面处容易产生段差

原因分析：

① 主体部分与翻盖部分通过合页连接，这种通过第三方物件连接的结构本身就容易产生段差与缝隙。

② 结构设计不合理造成段差。

③ 模具设计不合理及模具制造误差造成段差。

④ 注塑时胶件尺寸不稳定造成段差。

解决方案：

① 合页的精密度是很关键的因素，要控制好合页的尺寸，尤其合页旋转轴不能有明显的移动空间，最理想的状态是合页旋转轴能自由旋转但又没有过多的间隙。

② 在进行结构设计时要模拟翻盖部分整个翻转的过程，排除所有的干涉，对合页的固定及限位设计要合理，防止合页窜动。

在翻盖部分与主体部分设计止口用来限位，间隙为 0.07mm 左右，如图 1-141 所示。

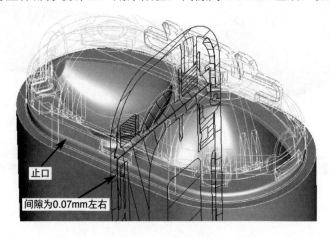

图 1-141　止口限位间隙

③ 在进行模具设计时产品的穴数不要过多,太多的穴数互配产生段差的可能性很大。进胶口的设计、产品分模设计、排气设计等都需要有经验的模具设计师。模具加工要用高精度的设备,这样可以减少模具制造的误差。

④ 注塑时调整好参数,达到要求后锁定参数。

(3)充电盒主体外壳做拔模角度会影响外观,如图 1-142 所示。

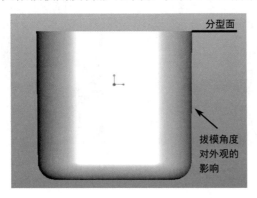

图 1-142　拔模角度对外观的影响

原因分析:

为了顺利顶出塑胶产品,模具拔模角度必不可少。

解决方案:

① 拔模角度尽可能要小,主体外壳做素材高光面,拔模角度为 0.50°左右。

② 产品外观面不做拔模角度,通过模具两侧大行位实现,缺陷是在产品的中间有一条行位夹线,需要精密的模具加工设备与加工工艺才能将行位夹线做到很小。

(4)此款 TWS 蓝牙耳机中使用了 11 个磁铁,对应磁铁的磁力可能不够强,造成磁铁之间的吸引力差、手感弱。TWS 蓝牙耳机中使用的磁铁如图 1-143 所示。

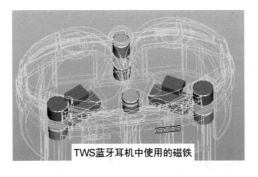

图 1-143　TWS 蓝牙耳机中使用的磁铁

解决方案:

① 在设计时预留空间,通过增加磁铁的厚度来增加磁力。

② 在设计时如果不能确定磁力是否足够,建议做手板实装验证。

③ 选用磁力更强的磁铁，如钕铁硼 N50。

（5）耳机与充电盒的弹簧顶针接触容易出问题，如图 1-144 所示。

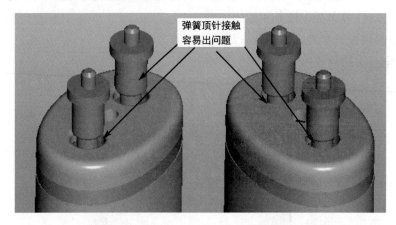

图 1-144　弹簧顶针接触容易出问题

原因分析：

① 弹簧顶针弹力不够，预压力不够，导致无法接触。

② 弹簧顶针与耳机接触的铜柱表面处理不良，导致接触时有时无。

③ 弹簧顶针弹力太大，将耳机顶起，导致接触不良。

解决方案：

① 在设计时尽量选用供应商常有的规格，当常有的规格无法满足设计需求时，再要求供应商根据产品实配弹簧顶针的力度，使其达到接触良好又不会将耳机顶高的效果。

② 弹簧顶针与耳机接触铜柱表面要光滑，且镀金层厚度不小于 3μm，防止铜柱被氧化腐蚀从而影响接触效果。

③ 增加磁铁的磁力，将耳机吸紧在充电盒上，防止窜动影响接触效果。

（6）主体外壳上有按键孔、LED 透光孔、USB 连接器开孔，这些孔会使胶件表面产生夹水线，影响外观，如图 1-145 所示。

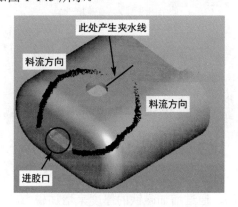

图 1-145　夹水线的产生

原因分析：

在塑胶注塑时，胶料流动过程中遇到孔位会自动分成两股料继续流动，通过孔后两股料又并流在一起，在接合时产生接合线，形成夹水线，体现在产品表面就像用利刀割的痕迹，影响外形的美观度。

解决方案：

① 胶件上只要有孔，夹水线就很难避免，因此，只能通过改变进胶口与调整注塑参数来弱化夹水线，减少对表面的影响。

② 在进行模具设计时将产品上的孔取消，表面就不会产生夹水线了。产品上的孔可以通过后端 CNC 加工铣出，虽然成本增加了，但对于高品质的产品来说，这是一种很常见也很适用的解决方法。

③ 充电盒主体外壳上的 USB 连接器开孔在模具设计时也是封闭的，将进胶口设计在中间，产品注塑出来后，通过 CNC 加工铣出 USB 连接器的开孔。另外，也可以制作一个切水口的冲压治具，将进胶口冲切掉。

1.6.3 知识点总结

这款 TWS 蓝牙耳机涉及的结构知识主要有以下几点：

（1）整款 TWS 蓝牙耳机的特点及相关结构设计。

（2）TWS 蓝牙耳机的构成分析。

（3）耳机的卡扣设计及内部结构讲解。

（4）TWS 蓝牙耳机各零件的间隙设计。

（5）充电盒的设计及内部结构讲解。

（6）耳机 PCBA 与充电盒 PCBA 的基本构成。

（7）TWS 蓝牙耳机的磁铁设计。

（8）LED 的遮光及导光结构。

（9）易出的问题点总结及解决方案。

技巧提示

已讲解完这款 TWS 蓝牙耳机的结构设计要点，读者在学习本章内容时，要学会融会贯通，举一反三。学习的目的不仅仅是让大家学会设计类似的 TWS 蓝牙耳机，更重要的是要学会较复杂产品的设计思路、设计理念。结构设计是相通的，不管什么行业、什么产品，设计方法及设计思路大同小异。

翻盖式移动电源结构设计全解析

本章导读：

◇ 产品概述及 ID 效果图分析详解　　◇ 产品拆件分析详解

◇ 结构及模具初步分析详解　　　　　◇ 建模要点及间隙讲解

◇ 结构设计要点详解　　　　　　　　◇ 产品结构设计总结

2.1　产品概述及 ID 效果图分析详解

2.1.1　产品概述

这款翻盖式移动电源是一款全新设计、全新研发的电子产品，具有普通移动电源的功能。其主要创新点是自带翻盖式手机支架功能，可以将手机以一定倾斜的角度放在移动电源打开的支架上，可以实现支撑手机的功能，使用者在给手机充电的同时可以看视频、聊天，达到解放双手的目的。同时，这款移动电源与手机支架相结合，增强了便携性，方便消费者携带，尤其适用于经常出差的消费者，可以在高铁、火车、飞机候机场等场所使用。

产品具有如下主要特点：

（1）让移动电源拥有手机支架功能，实现一边充电一边观影、聊天等功能。

（2）支架隐藏式设计，不影响外观，美观性好。

（3）电量显示隐藏式设计。

（4）中高端产品，外观精致美观。

这款翻盖式移动电源整机尺寸为 138.00mm×70.00mm×14.50mm（长×宽×厚）。

技巧提示

　　这款翻盖式移动电源的结构设计在整个移动电源行业中还是很有难度的，具有代表性。把这款产品的整机结构设计好，能体现出结构设计人员的技能与经验。读者可以根据 ID 效果图，先自己思考整个产品的结构设计思路，再看书，这样会收获更多。

这款翻盖式移动电源的原始设计资料如下。

（1）ID 效果图及 ID 线框。

图 2-1 所示为翻盖式移动电源的 ID 效果图，图 2-2 所示为翻盖式移动电源支架打开效果图。产品外观颜色是黑白色，前支架颜色是白色，主体颜色是黑色，产品外观还有好几种配色，如黑灰色、黑红色等。

图 2-1　翻盖式移动电源的 ID 效果图

图 2-2 翻盖式移动电源支架打开效果图

（2）产品的功能需求。

产品的功能需求包括结构功能需求、电子功能需求、包装功能需求，这里只分析与结构相关的功能需求。

这款翻盖式移动电源与结构相关的功能需求如下：

① 一个 USB 接口输出，一个 Type-C 接口输入兼输出。

② 具有手机支架功能。

③ 电量显示用数码管，采用隐藏式设计。

④ 电芯为聚合物锂电池，容量为 10 000mAh，电芯选用市场常用的型号及规格。

⑤ 产品外观颜色有黑白、黑灰、黑红。

⑥ 产品正面及背面为高光效果，侧面为磨砂效果。

⑦ 具有一个电源开关键。

⑧ 具有绿色、红色指示灯。

（3）其他辅助类资料。

其他辅助类资料包括电子元器件规格书等。图 2-3 所示为 Type-C 连接器的规格书。

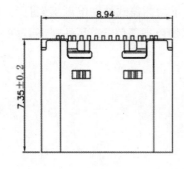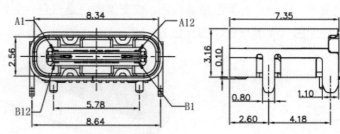

图 2-3 Type-C 连接器规格书

（单位为 mm）

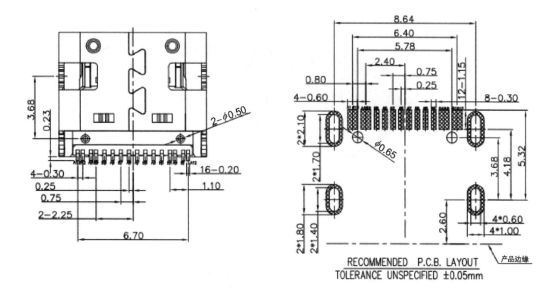

图 2-3　Type-C 连接器规格书（续）

（单位为 mm）

2.1.2　ID 效果图分析详解

有了原始设计资料后，要对 ID 效果图进行分析，在分析 ID 效果图时要结合产品的功能。一般从以下几个方面来分析。

（1）通过 ID 效果图了解产品的基本构成。

通过分析这款翻盖式移动电源 ID 效果图可知，该产品主要由前支架部分、主体部分、后支架部分三大部分组成，其中前支架与后支架要能打开，如图 2-4 所示。

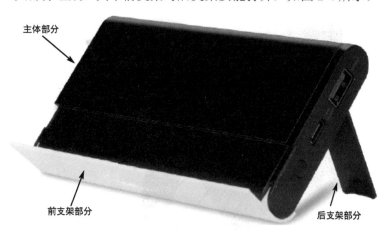

图 2-4　翻盖式移动电源的基本构成

（2）结合功能进一步分析各部分的构成。

① 由 ID 效果图分析可知，前支架部分只有前支架一个零件，翻开具有支架功能，合

起来与上壳平齐，如图 2-5 所示。

图 2-5　前支架

② 主体部分包含整个产品的大部分零件，有上壳、下壳、左侧盖板、右侧盖板、按键。上壳和下壳的区分如图 2-6 所示。

图 2-6　上壳和下壳的区分

③ 主体部分的右侧盖板上有 USB 连接器开孔、Type-C 连接器开孔、按键、LED 孔，如图 2-7 所示。

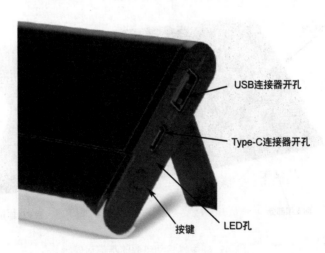

图 2-7　右侧盖板构成

④ 主体部分的左侧盖板上有一个抠手位，便于打开前支架，如图 2-8 所示。

图 2-8　左侧盖板上的抠手位

⑤ 后支架部分只有后支架一个零件，翻开具有支撑功能，合起来与下壳平齐，如图 2-9 所示。

图 2-9　后支架

2.2　产品拆件分析详解

由 ID 效果图分析可知，这款翻盖式移动电源包括的零件有前支架、后支架、上壳、下壳、右侧盖板、左侧盖板、按键，如图 2-10 所示。

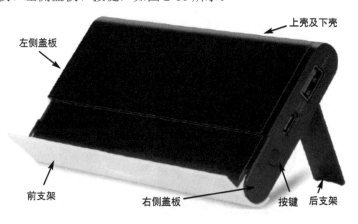

图 2-10　翻盖式移动电源的组成

2.3 结构及模具初步分析详解

拆件分析完成后，要进一步分析结构设计与模具制作的可行性。

2.3.1 材料及表面处理分析

产品零件的材料及表面处理的方式很多，不同的产品选择的零件材料及表面处理方式也有差异。3.3 节会详细介绍如何选择零件的材料及表面处理方式。这款翻盖式移动电源材料及表面处理方式选择如下。

（1）前支架的材料及表面处理方式选择。

前支架选用塑胶材料 PC+ABS，防火等级为 UL94-V1，成型方式为注塑，由于前支架有好几种颜色，因此采用表面喷涂油漆处理。

技巧提示

该产品表面要求有多种颜色，除了喷涂油漆可以实现，还可以直接注塑出有颜色的素材，喷涂油漆的表面比素材的表面无论是质感还是耐磨度都要强很多，但喷涂油漆会增加成本，在进行结构设计时要根据产品的档次合理选用。

（2）后支架的材料及表面处理方式选择。

后支架选用塑胶材料 PC+ABS，防火等级为 UL94-V1，成型方式为注塑，颜色为黑色，表面为素材高光，外表面喷涂防刮 UV 油漆。

（3）上壳的材料及表面处理方式选择。

上壳由于有显示电池电量的数码管，要求从外面看不到里面，但数码管被点亮后，要能看到数码管显示的内容，因此上壳需要半透光，材料选用塑胶透明 PC，防火等级为 UL94-V1，成型方式为注塑，颜色为半透黑色，表面为素材高光，外表面喷涂防刮 UV 油漆。数码管的位置如图 2-11 所示。

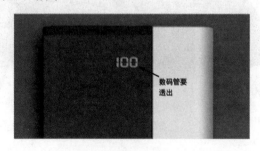

图 2-11 数码管的位置

（4）下壳的材料及表面处理方式选择。

下壳材料虽然不需要透光，但为了降低模具成本，将上壳及下壳并在一套模具内，所以选用与上壳同样的材料，即透明 PC，防火等级为 UL94-V1，成型方式为注塑，颜色为半透黑色，表面为素材高光，外表面喷涂防刮 UV 油漆。

（5）右侧盖板、左侧盖板的材料及表面处理方式选择。

右侧盖板、左侧盖板选用塑胶材料 PC+ABS，防火等级为 UL94-V1，成型方式为注塑，颜色为黑色。外观表面处理有两种不同的效果，侧面为素材磨砂效果；与上壳及下壳相接触的周边整圈为素材高光效果，如图 2-12 所示。

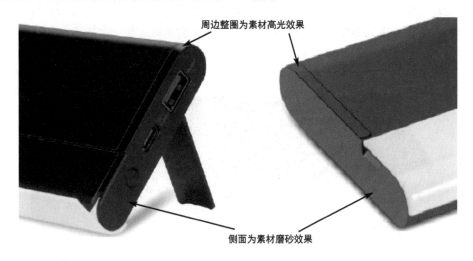

图 2-12　左、右侧盖板外表面效果

（6）按键的材料及表面处理方式选择。

按键选用塑胶材料 PC+ABS，防火等级为 UL94-V1，成型方式为注塑，颜色为黑色，外观表面处理成素材磨砂效果，与右侧盖板的磨砂效果一致，如图 2-13 所示。

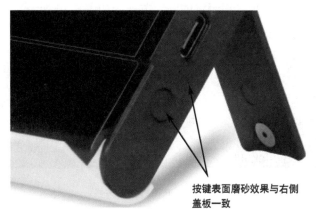

图 2-13　按键表面磨砂效果

技巧提示

移动电源属于带电池的电子产品，需要经常充电及放电，有一定的安全隐患，因此，移动电源外壳塑胶材料都要求用防火材料，防火等级不低于UL94-V1。

2.3.2　各零件之间的固定及装配分析

这款翻盖式移动电源各零件之间的固定及装配分析如下。

（1）前支架的结构设计是这款产品的关键，要求前支架能翻转，朝外翻转打开，朝内翻转合上，翻转角度为90°。在进行结构设计时，不能将前支架完全固定死，在翻转的起始处与翻转的结束处要有止动结构。前支架夹在左、右侧盖板与上、下壳之间，结构上通过左、右侧盖板与上、下壳夹持实现限位及固定，如图2-14所示。

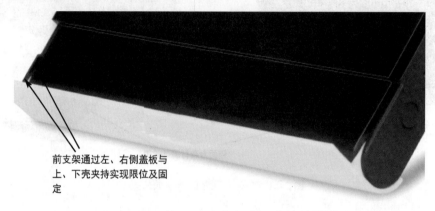

前支架通过左、右侧盖板与
上、下壳夹持实现限位及固
定

图 2-14　前支架的固定方式

（2）要求移动电源外观不能有螺钉孔，在进行结构设计时，上壳及下壳的固定方式首选卡扣固定，卡扣固定是很常用又很经济的固定方式，如图2-15所示。

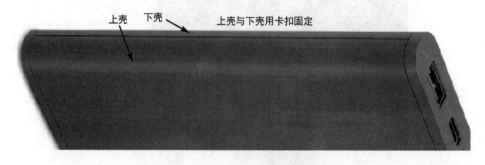

图 2-15　上壳及下壳的固定方式

（3）左侧盖板、右侧盖板的结构涉及上壳及下壳，如何将这几个零件连接、固定在一起，也是关系到整个产品外观是否美观的重要因素。由于产品外观限制，不能用螺钉，首选固定方式还是卡扣固定，如图 2-16 所示。

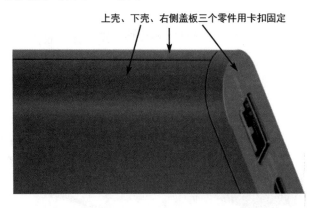

图 2-16　上壳、下壳、右侧盖板的固定方式

（4）按键位于右侧盖板上，按键是单纯的塑胶按键，采用悬臂梁结构固定在右侧盖板上，如图 2-17 所示。

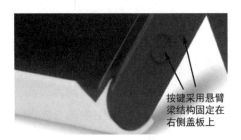

图 2-17　按键的固定方式

（5）后支架主要起支撑作用，要求后支架能翻转，朝外翻转打开，朝内翻转合上，翻转角度为 55°。在进行结构设计时，不能将后支架完全固定死，在翻转的起始处与翻转的结束处要有止动结构。后支架位于下壳上，需要设计旋转轴，如图 2-18 所示。

图 2-18　后支架的固定方式

2.3.3　模具初步分析

模具初步分析主要分析产品各个零件的成型方法及模具设计的分模示意图，要清楚模

具分型面位于零件的什么位置。

这款翻盖式移动电源的模具初步分析如下。

（1）前支架是塑料件，通过塑胶模具注塑成型。模具分型面位于外表面，外表面为前模方向，内表面为后模方向。由于前支架要旋转打开，因此两侧要设计旋转轴，旋转轴做滑块抽芯。前支架分模示意图如图 2-19 所示。

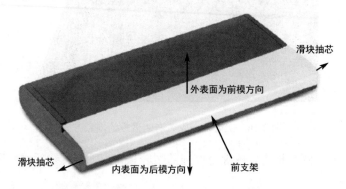

图 2-19　前支架分模示意图

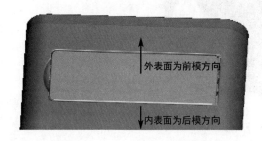

图 2-20　后支架分模示意图

（2）后支架是塑料件，通过塑胶模具注塑成型。模具分型面位于外表面，外表面为前模方向，内表面为后模方向。后支架分模示意图如图 2-20 所示。

（3）上壳和下壳都是塑料件，通过塑胶模具注塑成型。模具分型面位于外表面，外表面为前模方向，内表面为后模方向。由于上壳及下壳的两侧要配合前支架设计旋转轴，两侧设计大行位。上壳分模示意图如图 2-21 所示。

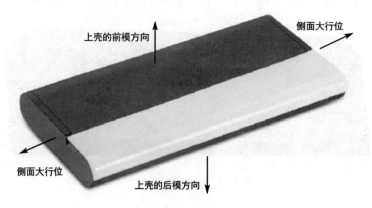

图 2-21　上壳分模示意图

（4）左侧盖板和右侧盖板都是塑料件，通过塑胶模具注塑成型。模具分型面位于外表面的最底部,外表面为前模方向,内表面为后模方向。
右侧盖板分模示意图如图 2-22 所示。

(5)按键是塑料件,通过塑胶模具注塑成型。模具
分型面位于外表面的最底部,外表面为前模方向,内表
面为后模方向。

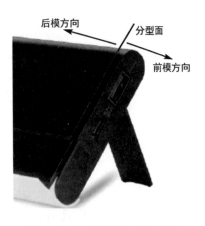

图 2-22 右侧盖板分模示意图

2.4 建模要点及间隙讲解

结构设计常用的软件是 Pro/ENGINEER,软件版本
不重要,因为本书不做具体的软件操作讲解。本节主要
讲解这款产品建模的要点及间隙,读者主要学习产品
结构设计的思路及技巧。

建模采用自顶向下的设计理念,先做骨架,然后拆分零件。什么是自顶向下设计理念,
做骨架与拆件有什么原则及要求,这些问题在这里就不讲述了,有需要的读者朋友可以参
考《产品结构设计实例教程——入门、提高、精通、求职》一书,该书第二部分有详细的
讲解。

2.4.1 骨架要点讲解

这款产品外形简单,没有复杂的曲面,骨架也相对简单。简单产品的建模流程与方法
都是一样的。

(1)首先将原始线框导入 3D 软件中,将不同视图的线条设置成不同的颜色。图 2-23
所示为导入 3D 软件中的线框。

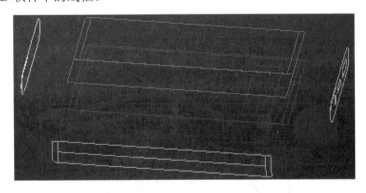

图 2-23 导入 3D 软件中的线框

(2)导入线框后,下一步是草绘两条曲线,用来控制整个产品的长、宽、高,如图 2-24
所示。

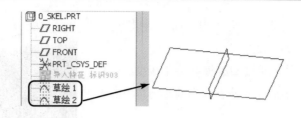

图 2-24　用来控制产品尺寸的线条

（3）拉伸产品主体外形曲面，如图 2-25 所示。

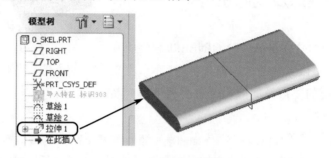

图 2-25　拉伸主体外形曲面

（4）进一步完成其他曲面的构建，如图 2-26 所示。

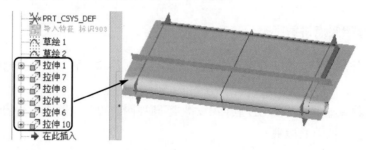

图 2-26　构建拆件需要的其他曲面

（5）构建完成的骨架如图 2-27 所示。

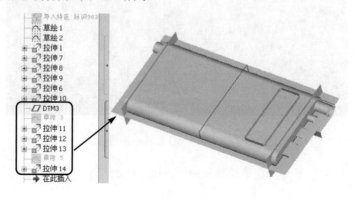

图 2-27　构建完成的骨架

技巧提示

> 再简单的产品，为了以后更改方便，在建模的时候也要遵循自顶向下的设计理念，先做骨架，再根据骨架拆分零件。

2.4.2　拆件要点讲解

骨架做完后，需要拆分零件。本节主要讲解拆件的要点及各产品的料厚，对具体的软件操作不做讲解。

（1）前支架虽然外形简单，但细长，容易变形。前支架还要能翻转打开，对强度有一定的要求。在拆件时，前支架料厚要做到 1.40mm，如图 2-28 所示。

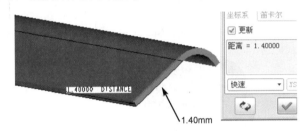

图 2-28　前支架料厚

（2）上壳及下壳外形一样，由于移动电源内部安装有大容量电池，外壳的强度要好，要能承受一定的外力撞击，上壳及下壳料厚为 1.80mm，如图 2-29 所示。

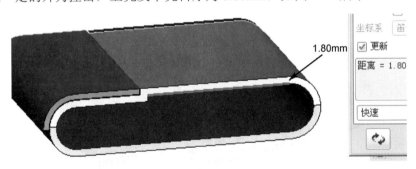

图 2-29　上壳及下壳料厚

（3）左侧盖板和右侧盖板外形简单，尺寸不大，料厚为 1.50mm，如图 2-30 所示。

图 2-30　左侧盖板料厚

（4）后支架虽然外形简单，尺寸不大，但要能翻转打开，用来支撑整个产品，并且要承受一定的重量不能变形，因此对强度有一定的要求。在拆件时，后支架料厚要做到1.65mm，如图 2-31 所示。

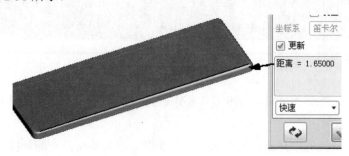

图 2-31　后支架料厚

（5）按键外形简单，尺寸小，也没有特殊的要求，料厚要做到 1.00mm，如图 2-32 所示。

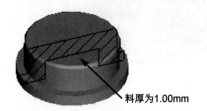

图 2-32　按键料厚

（6）建模完成图如图 2-33 所示。

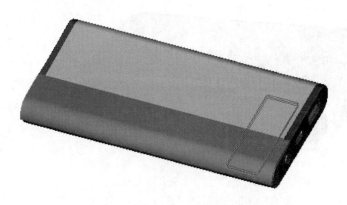

图 2-33　建模完成图

2.4.3　零件之间的间隙讲解

在建模、拆件时，设置零件的间隙很重要，不合理的间隙会造成零件装配过紧、过松、段差、内缩等缺陷。如果模具做好后，在试模时发现零件的间隙设计得过小，导致装配过紧或者装配不进，则需要修改模具，修改模具不是小工程，工作量大，甚至会造成模具报废，既浪费时间又浪费改模费用。

本节讲解的是这款翻盖式移动电源的间隙设计，对大部分产品也适用。

（1）前支架与上壳的间隙设计要考虑以下因素：

① 前支架需要翻转运动。

② 上壳外表面需要喷涂 UV 油漆，油漆有厚度。

③ 前支架外表面需要喷涂 UV 油漆，油漆有厚度。

④ 塑胶注塑误差会造成零件尺寸偏差、装配误差。

结合以上几点，前支架与上壳的间隙设计为 0.20～0.25mm，如图 2-34 所示。

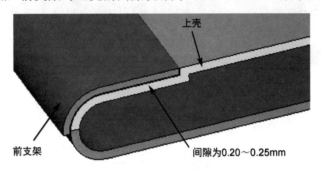

图 2-34 前支架与上壳的间隙

（2）上壳与下壳在分型面处接合，间隙为 0.00mm，如图 2-35 所示。

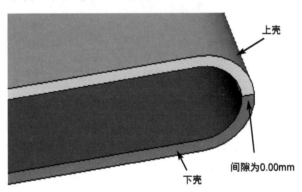

图 2-35 上壳与下壳的间隙

（3）后支架与下壳的间隙设计要考虑以下因素：

① 后支架需要翻转运动。

② 下壳外表面需要喷涂 UV 油漆，油漆有厚度。

③ 后支架外表面需要喷涂 UV 油漆，油漆有厚度。

④ 整个后支架是从下壳中拆出来的，不同的配合面间隙有差异。

⑤ 塑胶注塑误差会造成零件尺寸偏差、装配误差。

结合以上几点，后支架与下壳的两侧间隙设计为 0.25mm，抠手位此端间隙为 0.25mm，底面间隙为 0.10mm，如图 2-36 所示。旋转轴此端间隙要避让后支架旋转的轨迹，具体数值待后续结构设计模拟运动后再确定。

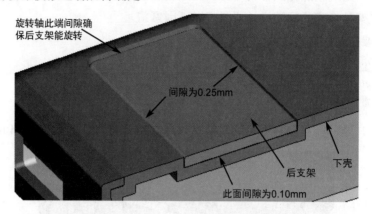

图 2-36　后支架与下壳的间隙

（4）左侧盖板、右侧盖板与上壳、下壳的侧面配合面间隙为 0.10mm，如图 2-37 所示。

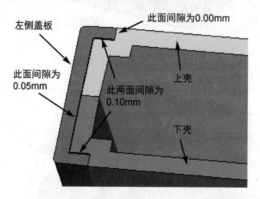

图 2-37　左侧盖板与上壳、下壳的间隙

（5）按键与右侧盖板都是素材，表面不需要后处理，间隙为 0.12mm，如图 2-38 所示。

图 2-38　按键与右侧盖板的间隙

2.5　结构设计要点详解

本节主要讲解此款产品的结构设计要点及难点，让读者朋友能够学到比较复杂的产品设计的一些技巧及技能，以便在工作中能够将这些知识加以运用，并能举一反三。

2.5.1　前支架部分结构设计要点讲解

（1）前支架结构涉及上壳、下壳、左侧盖板、右侧盖板。要使前支架能旋转，首先要确定旋转的轴心位置，前支架旋转轴心要与上壳、下壳的侧面圆弧同圆心，这样才能保证前支架旋转不干涉外壳。旋转轴心位置如图 2-39 所示。

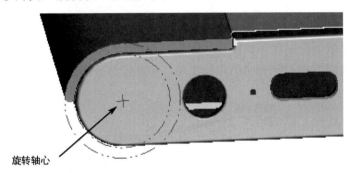

图 2-39　旋转轴心位置

（2）前支架左右两侧都设计同圆心的圆圈骨位，将上壳及下壳夹在中间，如图 2-40 所示。

图 2-40　前支架上的圆圈骨位

（3）左侧盖板、右侧盖板均设计长圆形扣位，用以将前支架夹在盖板与下壳的中间位置，通过盖板上的圆形扣位固定前支架，并使前支架能沿着轴心旋转。圆形扣位与下壳配合的扣合量为 0.50mm，如图 2-41 所示。

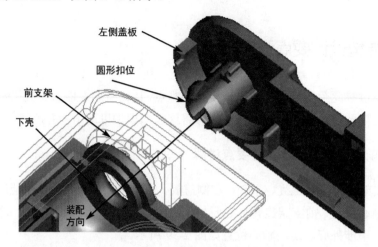

图 2-41　左侧盖板与下壳固定前支架

（4）前支架与下壳配合面设计圆球形卡点，使前支架不仅在旋转时有明显的手感，还可以起到前支架在打开及闭合时的限位作用，卡点过盈 0.20mm，如图 2-42 所示。

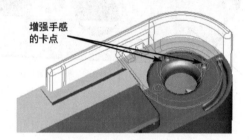

图 2-42　前支架的圆球形卡点

（5）为了防止前支架旋转圆圈处断裂，厚度要做到 2.00mm，并朝内掏胶防止缩小，如图 2-43 所示。

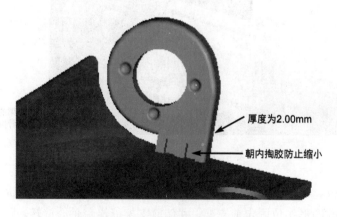

图 2-43　前支架旋转圆圈处内掏胶

（6）为了防止前支架在闭合状态下反弹张开，在前支架模内注塑两个铁片，而在上壳内部相对应的位置安装两个磁铁，形成吸力，磁铁直径为5.00mm，厚度为2.50mm，铁片厚度不小于0.50mm，做电镀处理，如图2-44所示。

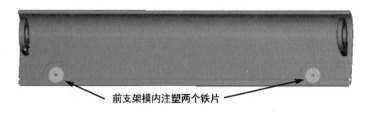

前支架模内注塑两个铁片

图2-44 前支架模内注塑两个铁片

（7）前支架打开后要有止位结构，通过侧面盖板做平台止位，防止前支架旋转过大，如图2-45所示。

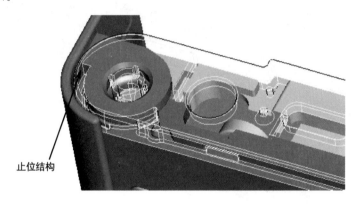

止位结构

图2-45 前支架的止位结构

2.5.2 上壳与下壳结构设计要点讲解

这款翻盖式移动电源的主体结构设计包括上壳与下壳结构设计、左侧盖板与右侧盖板结构设计、按键结构设计、壳体内部的电子元器件的固定及限位设计。本节首先讲解上壳与下壳结构设计，以及壳体内部的电子元器件的固定及限位设计。

（1）上壳与下壳从产品中间分开，其尺寸一样，结构设计采用卡扣固定。没有采用螺钉固定的产品，整机布12～16个卡扣，卡扣分布要尽量均匀，如图2-46所示。要尽可能做到 $a=b=c=d$，$e=f=g$，两个卡扣之间的距离最好控制在30.00mm左右。

（2）此款翻盖式移动电源上壳及下壳上布16个卡扣，长度方向每边各6个，宽度方向每边各2个，如图2-47所示。

（3）卡扣采用内扣，内扣是反扣的一种，上壳做公扣，下壳做母扣，公扣宽度不小于4.00mm，扣合量不小于0.50mm，如图2-48所示。这种反扣的特点是牢固、不容易拆卸，尤其适用于没有采用螺钉固定的产品。

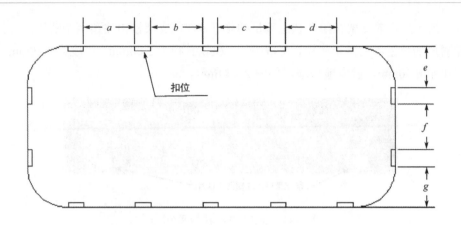

图 2-46　卡扣个数示意图

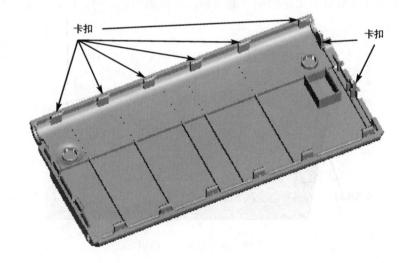

图 2-47　上壳上的扣位个数

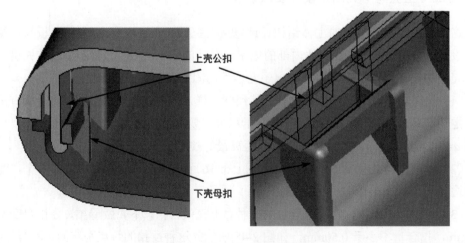

图 2-48　上壳与下壳上的卡扣类型

（4）为了防止上壳与下壳在配合面外张或者内缩引起段差，止口与反止口必不可少，配合面间隙为 0.05mm，如图 2-49 所示。

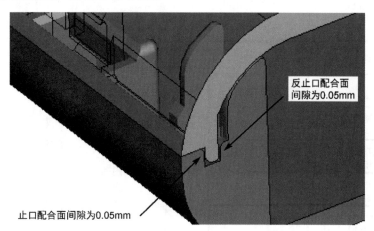

图 2-49　止口与反止口

（5）磁铁限位可以用整个内圈，但在有空间的前提下，最好在内圈长骨位设计限位磁铁，间隙为 0.00mm，后续根据实配决定是否需要再加胶调整，最终达到磁铁紧配效果。磁铁的固定示意图如图 2-50 所示。

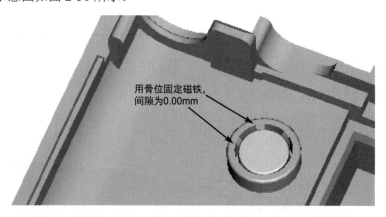

图 2-50　磁铁的固定示意图

（6）此款移动电源采用聚合物锂电池，型号为 9858102，容量为 10 000mAh，电池规格如图 2-51 所示。

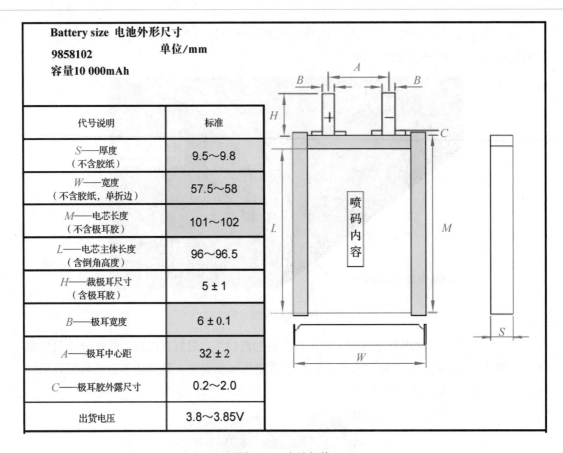

代号说明	标准
S——厚度（不含胶纸）	9.5～9.8
W——宽度（不含胶纸，单折边）	57.5～58
M——电芯长度（不含极耳胶）	101～102
L——电芯主体长度（含倒角高度）	96～96.5
H——裁极耳尺寸（含极耳胶）	5±1
B——极耳宽度	6±0.1
A——极耳中心距	32±2
C——极耳胶外露尺寸	0.2～2.0
出货电压	3.8～3.85V

Battery size 电池外形尺寸 单位/mm
9858102
容量10 000mAh

图 2-51　电池规格

电池需要牢固的限位，不能在壳体内松动，也不能受到挤压，防止破损、漏液引起安全隐患。电池四周限位间隙为 0.10mm，底部用双面胶固定在下壳，顶面用 EVA 泡棉保护，上壳长骨位预压 EVA 泡棉，如图 2-52 所示。

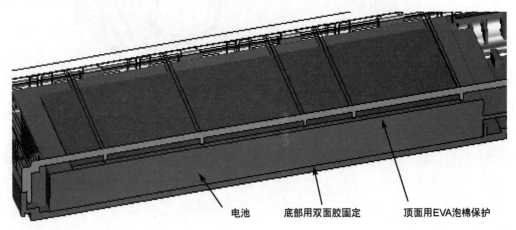

电池　　底部用双面胶固定　　顶面用EVA泡棉保护

图 2-52　电池的固定

📋 **技巧提示**

> 大部分电池的外形尺寸公差为负公差，在标称数值以下，在对电池进行限位及固定设计时，以电池实物尺寸为准。

（7）移动电源的 PCBA 一般都不是公板，PCB 的外形尺寸是根据壳体内部空间设计出来的，PCB 厚度为 1.00mm，通过两个圆柱限位，用两个规格为 PB1.7×4.00mm 的自攻牙螺钉固定在下壳上，如图 2-53 所示。

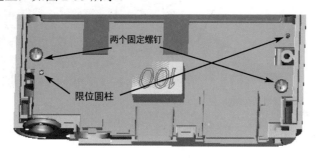

图 2-53　PCB 的固定

（8）上壳在数码管四周长骨位，骨位主要起遮挡光线的作用，防止漏光。由于数码管插件贴片有误差，骨位与数码管四周间隙不小于 0.25mm，如图 2-54 所示。

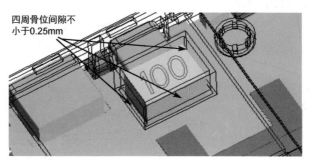

图 2-54　数码管的固定

（9）电池极耳直接焊接在 PCB 上，如图 2-54 所示。电池极耳也可以通过焊线的方法焊接。

图 2-55　电池极耳焊接

2.5.3　左侧盖板与右侧盖板结构设计要点详解

左侧盖板与右侧盖板固定结构一样,通过卡扣将上壳、下壳、前支架包在里面,实现4个零件的牢靠固定。

(1)上壳及下壳长平台伸到侧盖板内,用于双方限位,也可用来作为设计卡扣的位置,如图 2-56 所示。

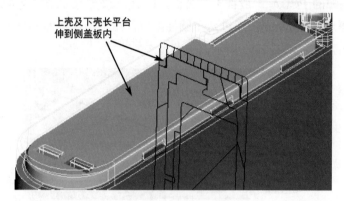

图 2-56　侧盖板的固定

(2)左侧盖板、右侧盖板通过卡扣与上壳、下壳固定,与上壳固定的卡扣有 3 个,与下壳固定的卡扣有 5 个,扣合量为 0.50mm。左侧盖板的固定如图 2-57 所示。

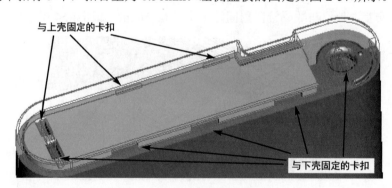

图 2-57　左侧盖板的固定

(3)右侧盖板上的 LED 透光孔可设计为方形和圆形,方形孔尺寸为 0.80mm×0.80mm,圆形孔直径为 0.80mm,不需要做得太大,透光孔太大会影响产品美观性。透光孔的内面倒大斜角,便于光线聚集,如图 2-58 所示。

(4)按键周边设计裙边,裙边尺寸为 0.50mm,厚度为 0.60mm。设计两个悬臂梁,悬臂梁厚度为 0.60mm,通过两个热熔柱固定在右侧盖板上,热熔柱直径为 0.80mm,周边间隙为 0.05mm,如图 2-59 所示。

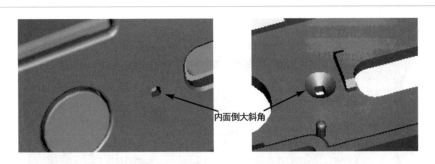

图 2-58　透光孔

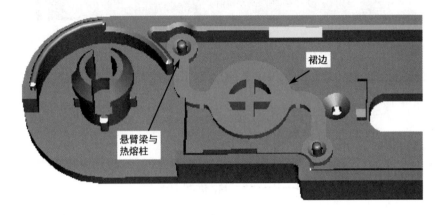

图 2-59　按键的固定

（5）在右侧盖板上切孔以避让 USB 连接器、Type-C 连接器，四周间隙为 0.20mm，孔口倒斜角，如图 2-60 所示。

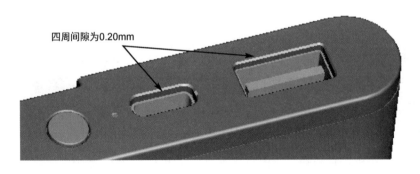

图 2-60　右侧盖板上切孔

2.5.4　后支架结构设计要点详解

在前几节中已经讲解了后支架与下壳的间隙，本节主要讲解后支架的固定结构。

（1）要使后支架能旋转，首先要确定旋转的轴心位置。在后支架上做旋转轴，下壳沿旋转轴切孔避让，旋转轴直径为 1.60mm，下壳避让间隙为 0.15mm，此处间隙不能太小，否则可能会阻碍旋转，具体如图 2-61 所示。

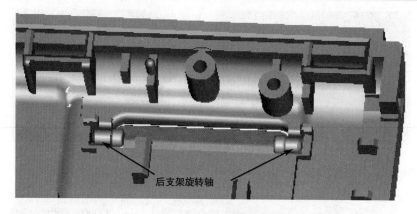

图 2-61　后支架旋转轴

（2）旋转轴的定位尺寸是一个很重要的数值，此定位数值需要多次模拟及修改才能得出，如图 2-62 所示。

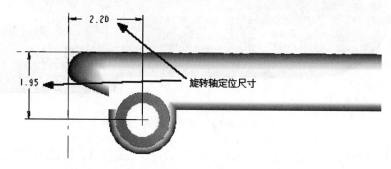

图 2-62　旋转轴定位尺寸

（单位为 mm）

技巧提示

　　旋转轴的定位数值的设计分两步进行，首先给旋转轴大致确定一个位置，模拟支架翻转是否存在干涉，然后根据模拟的情况调整具体数值。

（3）设计一个塑胶件压块用来固定后支架，使用 1 个螺钉、2 个卡扣将其固定在下壳上，塑胶件厚度不小于 1.20mm，如图 2-63 所示。

（4）后支架尾部与下壳的避让间隙为 0.40mm，这个间隙也是通过模拟旋转后得出来的，如图 2-64 所示。

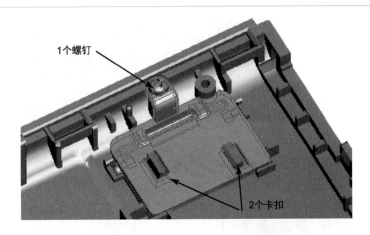

图 2-63　塑胶件压块固定用后支架

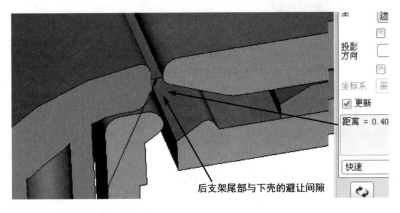

图 2-64　后支架尾部与下壳的避让间隙

（5）后支架尾部做大斜角，各个尺寸如图 2-65 所示。

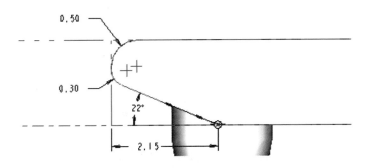

图 2-65　后支架尾部大斜角

（长度单位为 mm）

（6）在后支架压块上设计一个弹性骨位，弹性骨位的主要作用是固定后支架的打开状态，并与后支架过盈 0.35mm，使后支架在旋转时有明显的手感，如图 2-66 所示。

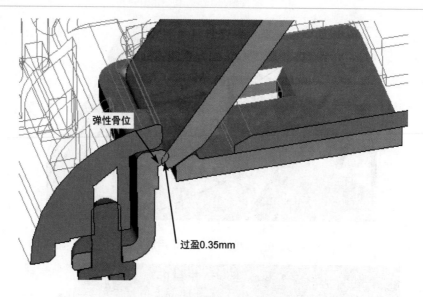

图 2-66 后支架压块与后支架过盈

（7）为了防止后支架在闭合状态下反弹张开，在后支架模内注塑一个铁片，而在下壳内部相对应的位置装一个磁铁，形成吸力，磁铁直径为 5.00mm，厚度为 2.50mm，铁片厚度不小于 0.50mm，做电镀处理，如图 2-67 所示。

图 2-67 后支架铁片

（8）在后支架上设计抠手位，底部空间不小于 0.75mm，下壳的抠手位避空宽度不小于 10.00mm，如图 2-68 所示。

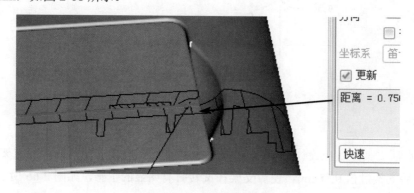

图 2-68 后支架抠手位

2.6　产品结构设计总结

2.6.1　检查功能需求

现在统一检查这款翻盖式移动电源与结构相关的功能需求是否设计完成。

（1）一个 USB 接口输出，一个 Type-C 接口输入兼输出。

检查结果：已设计完成，PCBA 框如图 2-69 所示。

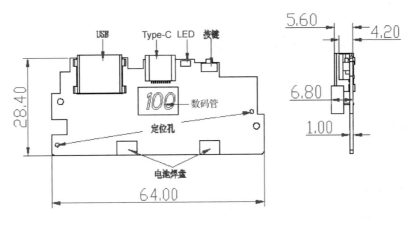

图 2-69　PCBA 框

（图中尺寸单位为 mm）

（2）具有手机支架功能。

检查结果：已设计完成，前支架与后支架结构设计完成，如图 2-70 所示。

图 2-70　手机支架

（3）电量显示用数码管，采用隐藏式设计。

检查结果：已设计完成。

（4）电芯为聚合物锂电池，容量为 10 000mAh，电芯选用市场常用的型号及规格。

检查结果：已设计完成。

（5）产品外观颜色有黑白、黑灰、黑红。

检查结果：已设计完成，产品零件做喷涂处理。

（6）产品正面及背面为高光效果，侧面为磨砂效果。

检查结果：已设计完成。

（7）具有一个电源开关键。

检查结果：已设计完成。

（8）具有绿色、红色指示灯。

检查结果：已设计完成。

2.6.2　易出的问题点总结及解决方案

已讲解完这款翻盖式移动电源从 ID 效果图分析到结构重点这部分内容，还有一些容易出问题的地方，在进行结构设计时要重点注意。

（1）上壳及下壳的分型面处容易产生段差，导致刮手，如图 2-71 所示。

原因分析：

① 上壳及下壳处于半圆弧上，这种弧形接合面最容易产生段差。

② 止口与反止口设计不合理造成段差。

③ 模具制造误差造成段差。

④ 注塑时胶件尺寸不稳定造成段差。

解决方案：

① 上壳及下壳处于半圆弧上，这是由 ID 外形与结构需要决定的，本身不能改变，可以在表面喷涂油漆，减少刮手的可能性。

② 在结构上设计止口与反止口，宁多不少，可以用凹形的双止口，间隙为 0.05mm。

③ 模具加工用精度高的设备，以减小模具制造误差。

④ 注塑时调整参数，达到要求后锁定参数。

⑤ 在注塑胶件时，还可以用圆形的软棒沿壳料的分型面滚一圈，起到去除披锋的作用，同时不会损伤壳料。

分型面处容易产生段差

图 2-71　分型面处容易产生段差

（2）左、右侧盖板与上、下壳接合面处容易产生段差，导致刮手，如图 2-72 所示。产生段差的原因与解决方案参考上壳与下壳产生段差的原因及解决方案。

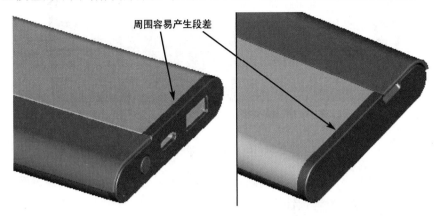

周围容易产生段差

图 2-72　接合面处容易产生段差

（3）左、右侧盖板外形做拔模角度会影响外观，如图 2-73 所示。

原因分析：

从 ID 美观性来说，上壳及下壳是平面，要求左、右侧盖板也是平面，但模具很难实现，没有拔模角度，胶件注塑时会拉伤外表面。

解决方案：

① 拔模角度要尽量小一点，与模具设计人员多沟通。

② 左、右侧盖板外表面整圈做镜面高光工艺，这样容易出模。

③ 左、右侧盖板采用注塑性能优良的塑料，如 PC+ABS。

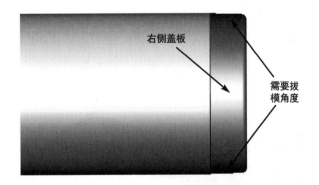

右侧盖板

需要拔模角度

图 2-73　右侧盖板外表面拔模

（4）由于前支架与后支架铁片薄，对应磁铁的磁力可能不够强，如图 2-74 所示，会使吸引力差、手感弱，在设计时如果不能预估到这一点，建议做手板确认。

解决方案：

① 在设计时预留空间，通过增加磁铁的厚度来增加磁力。

② 用磁力更强的磁铁，如钕铁硼 N50。

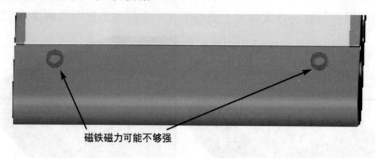

图 2-74　磁铁磁力可能不够强

（5）为了使数码管显示的内容更清晰、更明亮，对上壳数码管对应的内表面做抛高光处理，且不允许有夹线，设计顶针位，如图 2-75 所示。

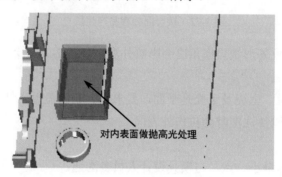

图 2-75　对内表面做抛高光处理

（6）外壳表面如果做黑色高光，要注意以下几点：

① 对小零件或者小面积可以做素材黑色高光，建议贴保护膜。

② 对大面积的素材黑色高光，在生产中极易刮伤，消费者在使用过程中也很容易磨花及刮伤。解决方法是在外表面喷涂耐磨 UV 油漆，既有保护作用又能增加表面硬度（表面硬度不小于 2H），如图 2-76 所示。

图 2-76　大面积的素材黑色高光的处理

2.6.3　知识点总结

这款翻盖式移动电源涉及的结构知识主要有以下几点：

（1）移动电源的特点及相关结构设计。

（2）翻盖式手机支架的设计。

（3）左、右侧盖板的固定及连接设计。

（4）前支架的固定及连接设计。

（5）后支架的固定及连接设计。

（6）隐藏式数码管设计。

（7）磁铁在移动电源中的应用。

（8）上壳及下壳的反扣设计。

（9）移动电源的电池的固定及相关知识点。

（10）易出的问题点总结及解决方案。

✎ 技巧提示

　　已讲解完这款翻盖式移动电源的结构设计要点，读者在学习本章内容时，要学会融会贯通，举一反三。学习的目的不仅是学会设计类似的移动电源，还要学会较复杂产品的设计思路、设计理念。结构设计是相通的，不管什么行业、什么产品，设计方法及设计思路大同小异。

多功能智能笔结构设计全解析

本章导读：

◇ 产品概述及 ID 效果图分析详解   ◇ 产品拆件分析详解

◇ 结构及模具初步分析详解   ◇ 建模要点及间隙讲解

◇ 结构设计要点详解   ◇ 产品结构设计总结

3.1　产品概述及 ID 效果图分析详解

3.1.1　产品概述

这款多功能智能笔是一款全新设计、全新研发的电子产品。该笔的市场定位人群为学生。该笔具有光线检测、坐姿检测、握笔姿势检测等功能,如果使用者在光线不强的地方学习、坐姿不端正、握笔姿势不对等,写字的笔芯会缩回,使用者不能继续写字,同时还有语音提示使用者改正不良的行为。

这款学生多功能智能笔整机尺寸为 158.00mm×13.50mm×13.50mm(长×宽×厚)。

作为结构设计人员,在进行产品结构设计之前一般要有以下原始设计资料。

(1) ID 效果图及 ID 线框。

一款全新产品的设计,ID 效果图必不可少。ID 效果图一般是由工业设计师设计完成的。图 3-1 所示为学生多功能智能笔的 ID 效果图,ID 效果图上的产品外观颜色是珍珠白色,但产品外观还有好几种配色,如粉色、红色、橙色、蓝色等。

图 3-1　学生多功能智能笔 ID 效果图

(2) 产品概述及功能描述。

产品概述与功能描述没有固定的格式,有些是文档,有些是图片。通过产品概述与功能描述文件,要能明白这是一款什么样的产品,具有哪些功能。产品功能与结构设计息息相关,如果没有这些功能说明,那么设计出来的产品不一定能符合要求。图 3-2 所示为产品功能说明文档。

图 3-2　产品功能说明文档

这款学生多功能智能笔与结构相关的功能需求有以下几点:

① 笔帽要具有按键功能。

② 显示屏亮时,通过镜片要能看清显示屏上的内容(见图 3-3);显示屏熄灭时,通过镜片不能看到产品里面的零件。

③ 蓝色装饰圈需要透光。

④ 笔芯有四种，分别是钢笔芯、铅笔芯、圆珠笔芯、可擦笔芯，四种笔芯要能互换。

⑤ 产品外观颜色有粉色、红色、橙色、蓝色。

⑥ 握笔位是五金材质，接触要好，要能焊接。

⑦ 笔芯在笔内要能自动伸缩。

⑧ 笔放在桌面上，不能自动翻滚。

⑨ 笔内有喇叭、锂电池，用 MICRO USB 接口充电。

⑩ 外形尺寸尽可能小，产品组装尽量简单。

（3）项目开案计划书。

项目开案计划书的内容主要有项目开案时间、项目完成时间、市场销售预计、产品概述及功能等。项目开案计划书是比较重要的原始设计资料，但此资料并不是必需的资料。

（4）其他辅助类资料。

其他辅助类资料包括电子元器件规格书、设计要求等。

图 3-3　显示屏亮时的界面

3.1.2　ID 效果图分析详解

有了原始设计资料后，要对 ID 效果图进行分析，在分析 ID 效果图时要结合产品的功能。一般从以下几个方面来分析。

（1）通过 ID 效果图了解产品的基本构成。

通过分析这款学生多功能智能笔 ID 效果图可知，该产品主要由笔帽、笔杆、笔尖三大部分组成，如图 3-4 所示。该产品笔芯有四种，要求能互换。

笔尖部分　　　　　　　　　　　笔杆部分　　　　　　　　笔帽部分

图 3-4　智能笔的基本构成

（2）结合功能进一步分析各部分的构成。

① 从笔帽部分 ID 效果图分析可知，笔帽部分虽然没有复杂的部件，但要求笔帽凹陷的区域能透光，如图 3-5 所示。

② 通过 ID 效果图发现，笔帽部分与笔杆部分的接合处有一个银色的圈，这个银色的圈主要起装饰作用，用来美化产品，如图 3-6 所示。

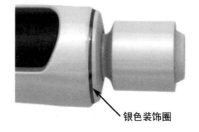

图 3-5　笔帽部分及透光区　　　　　　图 3-6　银色装饰圈

③ 笔杆部分是整个笔的核心部分，整个笔的主要功能是通过笔杆部分来实现的。笔杆里面要装很多的零件及 PCBA、喇叭、电池等，为了便于装进这些零部件，将笔杆又拆分为上、下两部分。在上、下两部分的中间，有一个蓝色的部件，这是一个半透明的透光件，能透光，同时也起装饰的作用，可以用来美化笔杆上、下两部分接合处的缺陷。笔杆部分构成如图 3-7 所示。

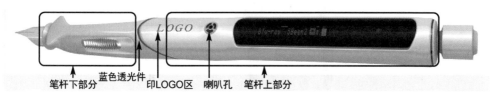

图 3-7　笔杆部分构成

④ 笔杆上部分有一个黑色的部件，这是一个黑色半透明镜片，如图 3-8 所示。为什么要做黑色的镜片呢？因为镜片下面是显示屏，要求从外面看不到里面，但显示屏点亮后，要能看到显示屏的内容。

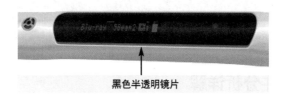

图 3-8　黑色半透明镜片

⑤ 笔杆部分中间有几个小孔，是喇叭出音孔，如图 3-7 所示。

⑥ 笔杆上部分要丝印 LOGO，为了使 LOGO 不变形，这一部分需要做成平面或者小弧面，如图 3-7 所示。

⑦ 笔杆下部分两侧各有一个带斜纹的银色部件，这两个银色片是使用者握笔的地方，是两个金属感应片，如图 3-9 所示，通过这两个金属片能感应到使用者握笔的状态。

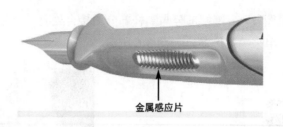

图 3-9　金属感应片

⑧ 笔尖部分是钢笔笔头，但需要四种笔芯，分别是钢笔芯、铅笔芯、圆珠笔芯、可擦笔芯，四种笔芯要能互换。几种笔芯如图 3-10 所示。

图 3-10　几种笔芯

技巧提示

进行 ID 效果图分析一定要结合产品的功能。通过分析我们要对产品有初步的了解，要了解产品的基本构造，这样便于后面的结构设计。

3.2　产品拆件分析详解

通过 ID 效果图分析出产品的基本组成后，要进一步进行拆件分析，要将组成产品的零部件拆分出来，在这里拆出的零件主要是涉及产品外观的零件，而产品内部的一些小零件要到具体结构设计时才容易拆分出来。

将这款学生多功能智能笔分成三部分来分析。笔帽部分由笔帽外套与笔帽内件两个零件组成，如图 3-11 所示。

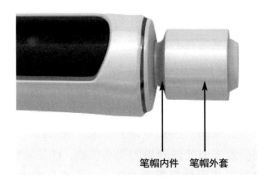

图 3-11　笔帽外套与笔帽内件

笔杆部分由笔盖、五金装饰圈、上笔杆、黑色镜片、蓝色透光件、下笔杆、握笔铜片组成，如图 3-12 所示。

图 3-12　笔杆部分零件

笔尖部分由笔芯套与笔芯组成，如图 3-13 所示。

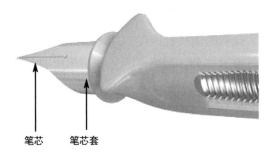

图 3-13　笔尖部分零件

3.3　结构及模具初步分析详解

拆件分析完成后，要进一步分析结构设计与模具制作的可行性。

3.3.1　材料及表面处理分析

结构分析第一步要确定整个产品的零部件材料及外观的表面处理方式,产品的零部件材料及外观的表面处理方式直接影响结构设计效果，因为在进行结构设计时要根据不同的材料、不同的表面处理来确定各零部件之间的间隙、零件厚度、组装方式等。

产品零部件的材料及表面的处理方式有很多种，如何选择合适的方式呢？一般有以下几种方式。

（1）根据产品的定价来选择。

在产品立项时，就要将产品的价格初步评估出来。俗话说，一分价钱一分货，高端产品价格高，对产品的精细度及表面处理效果的要求就高，产品的成本也就高。中低端产品价格适中，对产品的精细度及表面处理要求就低一些，产品的成本也就低一些。

（2）根据产品的应用场所来选择。

每一个产品都有应用场所，不同的应用场所对产品材料与表面处理效果的要求也不同。如果是长期在户外使用的产品，选择产品材料与表面处理方式的时候就要考虑防日晒雨淋，还要防腐蚀；如果是与食品相关的产品，选择材料与表面处理方式的时候就要考虑对人体安全的影响；如果是与温度相关的产品，选择材料与表面处理方式的时候就要考虑耐高温、耐低温等。

（3）根据零件的成型方式来选择。

零件的成型方式有很多种，零件的材料不同成型方式也有差别，塑胶与五金材料的成型方法有很大的区别。同样是塑料，热固性塑料与热塑性塑料的成型方式也不同。即使都是热塑性塑料，如果缩水率不同，制造加工成型的模具也有差别。

举例说明：对于该款学生多功能智能笔，客户要求产品外观为珍珠白、粉色、红色、橙色等。根据客户要求，可以这样选择零件的材料及表面处理方式：

（1）虽然这是一支笔，但由于有电路部分，归于电子产品行列，日常电子产品常用的材料有塑胶与五金。经常选用的塑胶材料有 PC、PC+ABS、ABS，PC 强度高但对模具及注塑要求高，ABS 综合性能又比 PC+ABS 稍差。经常选用的五金材料有铝及铝合金、铜、不锈钢等。

（2）要求产品表面呈现不同的颜色，塑胶及五金都能达到这个要求。塑胶常用的表面处理方式是喷涂，除喷涂能做出彩色外，还有素材也能注塑出相应的彩色。铝及铝合金常用的表面处理方式是阳极氧化，阳极氧化能做出五颜六色的色彩。

（3）此笔为智能笔，市场定位人群为学生，这就要求其为中高端品质，所以表面处理就不会考虑素材注塑的颜色，而是通过表面喷涂来实现。

综上所述，此款学生多功能智能笔的笔帽外套选用 PC+ABS，表面采用喷涂方式，成型方式为注塑。笔杆的上部分及下部分都选用 PC+ABS，表面采用喷涂方式，成型方式为注塑。黑色的半透明镜片，常用的材料有透明 ABS、PC、PMMA，因为 PC 注塑时流动性差，容易产生注塑缺陷，所以不选用 PC。PMMA 虽然透明度高，但由于性质有点脆，所以也不选用 PMMA。而透明 ABS 性价比高，易上色，强度及韧性都能满足要求，故选用透明 ABS，表面为素材、半透黑色，成型方式为注塑。学生多功能智能笔零件材料及表面处理方式如图 3-14 所示。

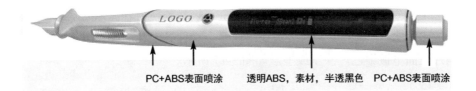

PC+ABS表面喷涂　　透明ABS，素材，半透黑色　　PC+ABS表面喷涂

图 3-14　学生多功能智能笔零件材料及表面处理方式

技巧提示

笔杆的材料为什么没有选择铝及铝合金？因为铝的成型常用的是挤压成型和压铸成型，挤压成型要求零件的截面形状规则；压铸成型虽然可以做出不规则形状的产品，但压铸的铝材杂质含量多，表面处理彩色很困难。

笔帽与笔杆之间的银色圈，采用不锈钢材料，本色，亮面，切割加工，如图 3-15 所示。为什么不选择塑胶电镀银色呢？因为银色圈尺寸小，厚度薄，采用塑胶注塑成型困难，且塑胶电镀的表面不如五金表面精致，所以不选用塑胶。

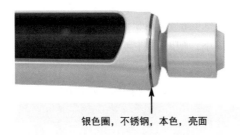

银色圈，不锈钢，本色，亮面

图 3-15　银色圈材料说明

笔杆上部分与下部分之间的蓝色透光装饰件的材料首先排除五金，因为五金材料不透光。虽然硅橡胶也能做到半透蓝色，但由于硅胶成型方式是热压成型，容易产生毛边，处理毛边费时费力，且此透光装饰件又细又窄，采用硅胶装配固定也很困难。所以，塑胶是最佳选择，塑胶选用透明 ABS，表面素材，为半透蓝色，如图 3-16 所示。

透明ABS，表面素材，半透蓝色

图 3-16　蓝色透光装饰件材料说明

笔杆下半部分两侧握笔位置的银色金属件，能检测到使用者握笔的状态，这个功能要通过电子电路来实现。选择材料时要考虑这两个金属件导电性能优良，金属铜能满足这些要求，铜片表面电镀银色，冲压成型，如图 3-17 所示。

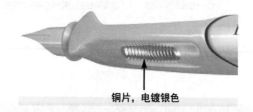

铜片，电镀银色

图 3-17　握手位金属件材料选择

笔芯套的材料与笔杆一样，选用 PC+ABS，表面喷涂，成型方式为注塑。

3.3.2　各零件之间的装配分析

确定零件的材料及表面处理方式后，就要对各零件之间的装配关系有一个基本的了解，也就是说，要确定零件与零件之间的连接、固定、限位、组装关系。

这款学生多功能智能笔各部分分析如下：

（1）笔帽部分由笔帽外套与笔帽内件两个零件组成，由于该产品是给学生使用的，笔帽部分这两个零件的尺寸会很小，塑胶零件越小，可选择的结构方式就越少。小零件之间的固定方式可以选用胶水、超声、扣位等。

笔帽外套与笔帽内件组装好后不需要拆开，因此可以选用小扣位与环保胶水配合固定，如图 3-18 所示。

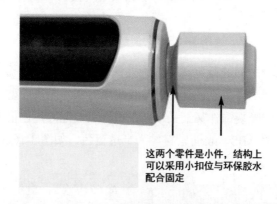

这两个零件是小件，结构上可以采用小扣位与环保胶水配合固定

图 3-18　笔帽两个零件的固定方式

（2）笔杆部分零件较多，零件之间采用的结构方式也有差异。

① 笔盖与上笔杆之间选用小扣位与环保胶水配合来固定；五金装饰圈夹在两个零件的中间，可以通过这两个零件夹紧固定，结构上只需要对五金装饰件进行限位，如图 3-19 所示。

② 黑色镜片是从上笔杆中拆分出来的，在进行结构设计时需要考虑如何将黑色镜片限位及固定牢靠？结构常用的固定方式很多，选择螺钉固定行不行？选用卡扣固定还是选用胶水固定？

首先排除螺钉固定方式，因为螺钉固定会影响产品外形美观度；黑色镜片外形尺寸也不适合用胶水，胶水固定会造成点胶不均匀、操作复杂、容易溢胶等缺陷；其他固定方式如超声也不适合。卡扣固定是首选方案，扣位设计合理，强度可靠，装配也简单，如图 3-20 所示。

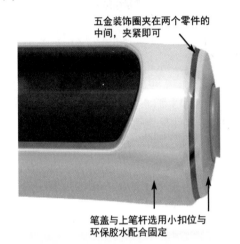

图 3-19　笔盖与上笔杆的固定方式　　　　图 3-20　黑色镜片与上笔杆的固定方式

技巧提示

在进行结构设计时，对于外观要求比较高的产品，在没有空间采用螺钉固定时，首选固定方式是卡扣。

③ 蓝色透光件夹在上笔杆与下笔杆的中间，可以通过这两个零件夹紧固定，结构上只需要对蓝色透光件进行限位，如图 3-21 所示。

图 3-21　蓝色透光件的固定方式

④ 上笔杆与下笔杆的固定是这款产品的难点，这两个零件的接合面是弧面，空间小，外观要求又高，选择合理的固定方式非常重要。

首先排除螺钉固定方式，因为螺钉固定会影响产品外形美观度；卡扣固定也很难，内部空间小，不够模具斜顶的行程；超声焊接也不行，产品外形异形，超声困难，且超声容易震坏内部的电子元器件；环保胶水固定是首选方式，虽然打胶水会影响装配速度，且有溢胶的风险，但只要结构设计合理，装配工艺控制好，打胶水就是最适合的方式，如图 3-22 所示。

图 3-22 上笔杆与下笔杆的固定方式

⑤ 握手位铜片的固定方式很简单，这种片状的小零件采用强力双面胶粘贴即可，如图 3-23 所示。

图 3-23 握手位铜片的固定方式

（3）笔尖部分由于要拆装更换笔芯，需要设计一个笔芯套，笔芯套采用螺纹连接固定，通过螺纹将笔芯套旋进旋出，方便更换笔芯，如图 3-24 所示。

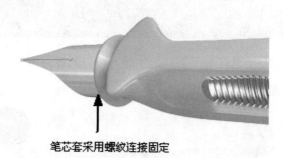

图 3-24 笔芯套的固定方式

3.3.3 模具初步分析

模具初步分析主要分析产品各个零件的成型方法及模具设计的分模示意图，要清楚模具分型面位于零件的什么位置，因为模具沿分型面朝出模方向需要一个拔模角度，确定正确的拔模方向与拔模角度非常重要。

这款学生多功能智能笔各部分分析如下：

（1）笔帽部分的两个零件都是塑料件，产品简单，通过塑胶模具注塑成型。模具分型面也很好确定，模具相对简单。

（2）笔杆部分的笔盖与黑色镜片、蓝色透光件都是塑料件，产品简单，通过塑胶模具注塑成型。模具分型面也很好确定，模具相对简单。

上笔杆与下笔杆都是塑料件，通过塑胶模具注塑成型，这两个零件外形不规则，由于内部要装 PCBA、电池、笔芯伸缩机构等零件，笔杆部分要设计中空，这样就造成了塑胶模具比较复杂，上笔杆与下笔杆的出模方向也有差别。

将上笔杆横放，中间作为分型面，产品底部方向为前模方向；产品上部由于有扣位做后模；产品两侧有倒扣，采用行位抽芯。上笔杆分模示意图如图 3-25 所示。

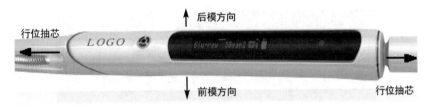

图 3-25　上笔杆分模示意图

下笔杆外形比上笔杆更不规则，由于两侧要粘贴握手位铜片，有凹位。将下笔杆竖放，底部为前模方向，上部为后模方向，握笔位的两侧大行位出模。下笔杆分模示意图如图 3-26 所示。

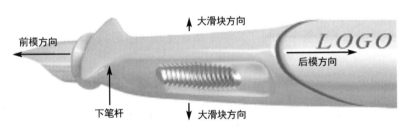

图 3-26　下笔杆分模示意图

下笔杆的握手位选用五金片，左右各一片，为镜像关系，用五金模具冲压成型，模具分型容易，模具也简单。

3.4　建模要点及间隙讲解

在产品结构设计中，建模是很关键的一个环节。本节主要讲解这款产品建模的要点，让读者朋友了解外形较复杂产品的建模思路及设计技巧。

结构设计常用的软件是 Pro/ENGINEER，软件版本不重要，因为本书不做具体的软件操作讲解。本节主要讲解这款产品建模的要点，读者主要学习产品结构设计的思路及技巧。

建模采用自顶向下的设计理念，先做骨架，然后拆分零件。什么是自顶向下设计理念？做骨架与拆件有什么原则及要求？这些问题在这里不讲述了，有需要的读者朋友可以参考《产品结构设计实例教程——入门、提高、精通、求职》一书，此书第二部分有详细的讲解。

3.4.1　骨架要点讲解

（1）首先将 ID 线条导入 3D 软件中，图 3-27 所示为导入 3D 软件中的线条。

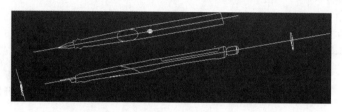

图 3-27　导入 3D 软件中的线条

（2）导入线条后，就要设计产品的外形曲面。

虽然这款学生多功能智能笔左右对称，但上下外形很不规则，每个截面的形状都不同，做骨架还要便于以后修改。对于这种不规则的外形，建模的思路是先做出控制外形的线条，再将这些线条通过曲面边界混合命令生成曲面。做该款产品骨架的主要难点是建外形曲面，纵向至少要用三条线条来控制产品厚度及宽度方向的形状，图 3-28 所示为纵向的三条基本线条。

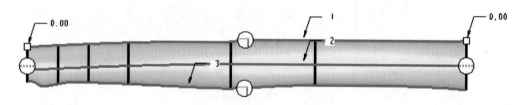

图 3-28　纵向的三条基本线条

（3）由于横向截面复杂多样，需要多条线条来控制。到底采用多少线条合适呢？线条过少，达不到要求；线条过多，调整线条比较繁锁，曲面也容易变形。在建这种曲面时，可以按以下方法处理：

① 首先，产品的基本线条是必不可少的，横向的基本线条如图 3-29 所示。

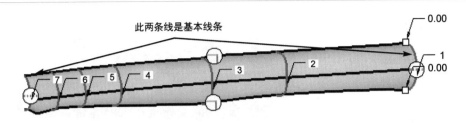

图 3-29　横向的基本线条

② 其次，产品外部形状有明显变化的地方需要用线条来控制，线条 7 与线条 3 是外部形状有明显变化的地方，如图 3-30 所示。

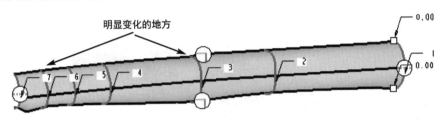

图 3-30　外部形状有明显变化的地方

③ 没有明显变化的地方，可以采用逐步增加控制线条的方法，边做边调整，直到建好的曲面符合要求，如图 3-31 所示，线条 2、线条 5、线条 6 是增加的控制线条。

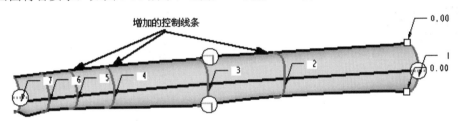

图 3-31　增加的控制线条

④ 对于这种异形曲面，如果建模的线条是由多线段构成的，则要将多线段复合成整条曲线，这样建出来的曲面质量好，碎面及小曲面少，用线框显示可以发现，曲面中间没有碎面及小曲面，如图 3-32 所示。

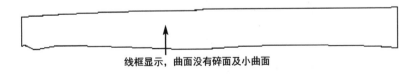

图 3-32　线框显示曲面

（4）建好后的曲面需要偏距料厚，检查曲面是否可以偏距，如果发现曲面不能偏距料厚，则需要修改建构曲面的线条，如图 3-33 所示。

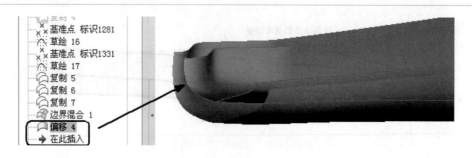

图 3-33　偏距料厚检查曲面

（5）完成的骨架曲面如图 3-34 所示。

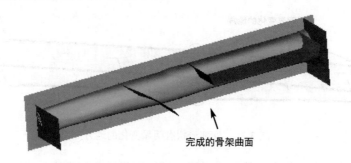

图 3-34　完成的骨架曲面

3.4.2　拆件要点讲解

骨架完成后，需要拆分零件，本节主要讲解拆件的要点及各产品的料厚，对具体的软件操作不做讲解。

这款学生多功能智能笔各部分分析如下：

（1）笔帽部分的两个零件外形简单，产品尺寸小，对于这种塑胶的小零件，拆件时，料厚一般选用 0.80～1.00mm，如图 3-35 所示。

图 3-35　小胶件料厚

（2）笔杆部分的笔盖外形简单，产品尺寸小，料厚选用 1.00mm。

（3）黑色镜片整体外形尺寸不大，由于要求透光，且镜片底部有显示屏造成空间小，整体料厚选用 0.80～1.00mm，在进行结构设计时局部需要掏胶增加透光率，如图 3-36 所示。

图 3-36　黑色镜片料厚

（4）五金装饰圈采用不锈钢材料，车削加工，料厚为 0.60mm，产品厚度为 0.80mm，如果料厚过薄过小，则会造成加工不良率高，如图 3-37 所示。

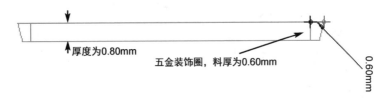

图 3-37　五金装饰圈料厚

（5）由于上笔杆细长，料厚设计值为 1.20mm。拆此件时，要注意产品的细部特征，不建议在骨架中做，在拆件时直接做出来即可，如图 3-38 所示。

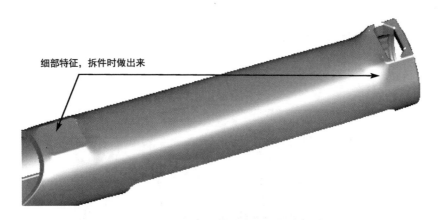

图 3-38　上笔杆的细部特征

上笔杆的几处细部特征是渐变曲面，要求连接顺畅，用倒圆角的方法达不到要求。做渐变曲面的思路是先投影线条，再用边界混合命令做出曲面，如图 3-39 所示。为了使过渡自然平滑，需要多次调整投影线条的位置及大小。

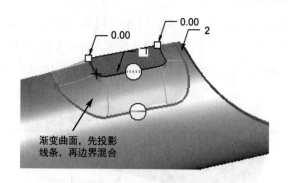

图 3-39 渐变曲面

（6）下笔杆外观面上有一处细部特征是凸出来的，导致此处料位厚，又不能通过破坏外观面来减胶，为了防止此处料厚变化太大造成注塑时缩水，需将下笔杆整体料厚适当做厚，如图 3-40 所示。

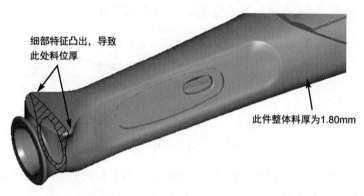

图 3-40 下笔杆料厚

（7）由于握手位铜片是薄片，料厚不能太薄，以免冲压时变形，料厚选用 0.30mm 可满足要求。铜片与下笔杆的四周留出 0.10mm 的间隙，因为下笔杆表面要喷涂，铜片也要电镀，具体如图 3-41 所示。

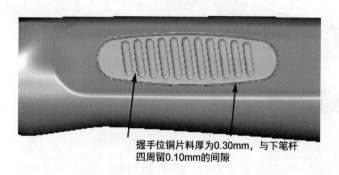

图 3-41 握手位铜片

（8）蓝色透光件是一件弧形的异形件，内部是中空的，外形尺寸又小。对于这种不规则的小零件，注塑时很容易变形与拉断，在有空间的前提下，要尽量将料厚做大。蓝色透光件夹在上笔杆与下笔杆的中间，结构限位在下笔杆上，与下笔杆间隙为零，与上笔杆间隙为 0.05mm，如图 3-42 所示。

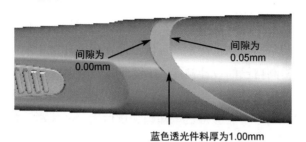

图 3-42　蓝色透光件料厚

（9）笔尖部分的笔芯套尺寸小且外形简单，但内部有螺纹，注塑时料厚不能太薄，要做到 1.00mm，如图 3-43 所示。

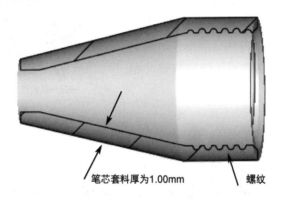

图 3-43　笔芯套料厚

（10）完成的整个建模图如图 3-44 所示。

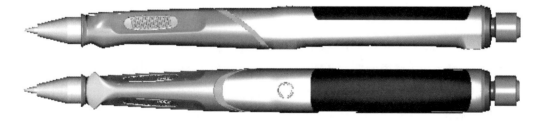

图 3-44　完成的整个建模图

3.5 结构设计要点详解

产品内部结构设计是产品研发中很重要的一个环节,结构设计决定了后续的模具设计及模具加工的难易度;结构设计也决定了后续产品在生产环节中的制造流程及制造工艺。结构设计人员应不断提高自己的设计技能,在设计时要尽量减少后续工序的工作量。本节主要讲解此款产品的结构设计要点及难点,让读者朋友能够学到比较复杂的产品设计的一些技巧及技能,以便在工作中能够将这些知识加以运用,并能举一反三。

3.5.1 笔帽部分结构设计要点讲解

（1）笔帽部分包括笔帽外套及笔帽内件两个小塑胶件,结构设计采用小卡扣及胶水配合固定。卡扣采用圆形扣,卡扣强脱出模,产品太小,变形空间有限,卡扣的扣合量设计为0.10mm。笔帽外套与笔帽内件是圆形件,为了防止装配转动,结构上需要设计防呆位置,如图3-45所示。

图 3-45 笔帽部分结构

 技巧提示

> 需要模具强脱的卡扣,扣合量一般不超过0.25mm,且不要做成整圈的,要设计成一段一段的,这样利于出模。整圈的卡扣会使模具强脱很困难,且容易将产品顶变形,将产品拉伤、拉坏。

可能有些人会有疑问:既然设计了卡扣为什么还要加胶水呢?加胶水的原因主要有以下两点:

① 由于零件小,卡扣量为0.10mm,固定效果有限。

② 由于模具加工精度的误差及注塑不稳定等因素,卡扣很难保证两零件之间不松动。

如果模具做得很精密,注塑胶件时又能控制好尺寸,则两个胶件之间可以采用零间隙配合,取消胶水。

（2）笔帽内件要连接一个五向按键的手柄,在笔帽内件上设计长骨位,与五向按键手柄间隙是0.00mm（见图3-46）,胶件通过模具注塑出来后,再根据与五向按键装配的实际情况来决定是否需要再修改模具,这种方式称为实配改模。

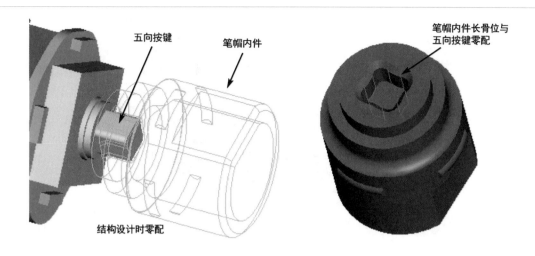

图 3-46　笔帽内件与五向按键零配

3.5.2　笔杆外部零件结构设计要点讲解

这款学生多功能智能笔的结构设计的核心就是笔杆部分,笔杆部分的设计包含外部零件的结构设计及内部零件的结构设计。

（1）用小卡扣和胶水将笔盖固定在上笔杆上,卡扣也是强脱出模,卡扣的扣合量设计为 0.10mm。二者之间夹有一个五金装饰圈,五金装饰圈限位在笔盖上,用笔盖与上笔杆夹紧,如图 3-47 所示。

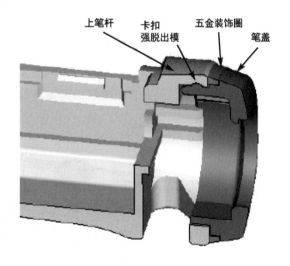

图 3-47　笔盖的固定

（2）用止口与卡扣将黑色镜片固定在上笔杆上,止口的主要作用是防止黑色镜片移动或者张开,避免段差的产生。卡扣的主要作用是固定黑色镜片,共需要 8 个卡扣,两侧各 3 个,前后各 1 个,扣位宽度为 3.50mm,扣合量为 0.40mm。具体如图 3-48、3-49 所示。

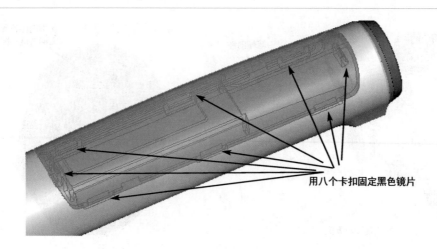

用八个卡扣固定黑色镜片

图 3-48　黑色镜片的固定

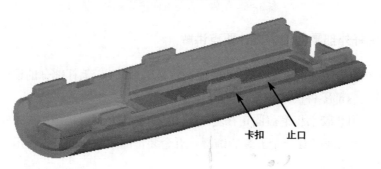

卡扣　　止口

图 3-49　黑色镜片止口与卡扣

（3）上笔杆与下笔杆虽然通过强力胶水固定，但两个零件的接合位置处于整支笔的中间位置，很容易折断。为了解决这个问题，在进行结构设计时需要将止口做长，在有限的空间里，尽量让止口的配合长度多一些。另外，在笔杆的两侧各设计一个小卡扣，作为辅助的固定结构，如图 3-50 所示。

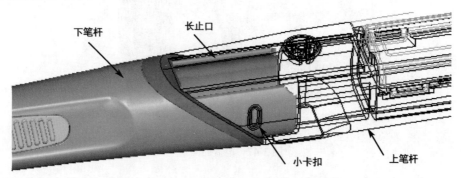

下笔杆　　　　长止口

小卡扣　　　　　　上笔杆

图 3-50　上笔杆与下笔杆的固定

（4）蓝色透光件限位在下笔杆上，通过上笔杆与下笔杆将其夹紧，如图 3-51 所示。

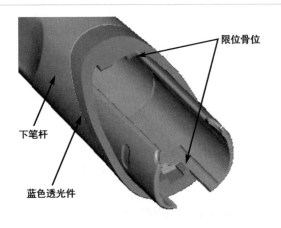

图 3-51　蓝色透光件的限位

技巧提示

> 对于小产品而言，结构上所说的限位，主要起导向作用，相互之间的间隙一般设计为 0.05mm～0.10mm。

（5）握手位铜片具有检测功能，需要将导线焊接到主 PCB 上，在下笔杆焊线位置需要切孔以避让焊点与穿线，如图 3-52 所示。

3.5.3　笔尖部分结构设计要点详解

笔尖部分的笔芯套通过螺纹连接到下笔杆上，笔芯套上做母螺纹，单独拆分一个零件出来做公螺纹，如图 3-53 所示。

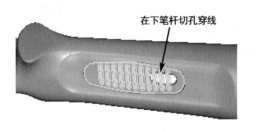

图 3-52　在下笔杆切孔穿线

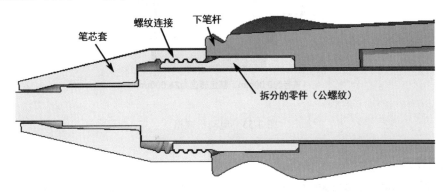

图 3-53　笔芯套螺纹连接

为什么不将公螺纹直接做到下笔杆上呢？主要原因如下：

（1）下笔杆表面要喷油处理，这样可以防止螺纹喷到油漆，遮喷飞油很难解决。

（2）螺纹处的料厚有点薄，将螺纹直接做到下笔杆上，如果螺纹损坏了，维修非常困难，会导致整个下壳甚至整个产品损坏报废。

（3）单独拆分的公螺纹零件，如果强度不够，方便更换材料增加强度。

3.5.4　内部结构设计要点详解

笔杆部分内部空间不大，包含笔芯的伸缩机构、PCBA、喇叭、电池等，空间紧凑，设计有一定的难度。

（1）要使笔芯能够自动伸出与收缩，在结构上需要设计一个伸缩机构。笔芯沿如图 3-54 所示的箭头方向进行伸缩运动，既能给笔芯的伸缩运动提供驱动力又能通过电子软件程序控制的零件是什么呢？

电动机是常用的驱动零件，能给大部分机械运动提供动力。笔芯的伸缩机构也选择电动机作为源动力。由于笔杆内部空间的特点，电动机放置方向要与笔杆平行。

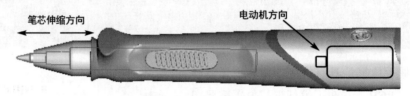

图 3-54　笔芯伸缩方向

由于产品内部空间小，只能选用微型的电动机，电动机直径为 9.00mm，额定转速为 24 000r/min，长度为 16.00mm，旋转轴直径为 1.50mm，如图 3-55 所示。

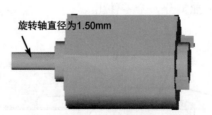

图 3-55　电动机规格

 技巧提示

　　电动机的种类与型号也很多，如何选择呢？根据产品设计的需求，尽量选用市场上通用的种类及规格。

　　笔芯伸缩的速度不需要太快，100r/min 左右就能达到要求，而电动机的转速为 24 000r/min，这就需要给电动机减速，使减速比达到 240（24000/100）倍。如何在有限的空间内达到这么大的减速比呢？这款齿轮箱采用 3 级减速的方法实现这一减速比。

　　① 电动机的一级减速，采用蜗杆与齿轮运动的方法。蜗杆与齿轮运动能很快地将电动机的速度降下来，蜗杆装在电动机的旋转轴上，每转动一圈，齿轮才转动一个齿，齿轮的齿数就是减速的比率。蜗杆与齿轮的模数为 0.20，齿轮型号选用 1809，大齿轮的齿数是 18 齿，小齿轮的齿数是 9 齿，蜗杆与大齿轮配合运动，减速比是 18，也就是说，电动机经过一级减速后速度降到约 1333r/min，如图 3-56 所示。

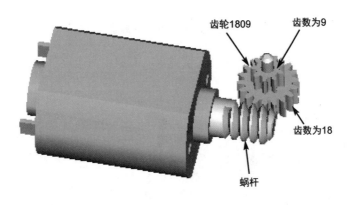

图 3-56　电动机一级减速

　　② 电动机的二级减速，采用大齿轮与小齿轮运动的方法。大齿轮齿数与小齿轮齿数的比值就是减速比。小齿轮齿数为 9 齿，大齿轮齿数为 28 齿，减速比约为 3.1，电动机经过二级减速后速度降到约 430r/min，如图 3-57 所示。

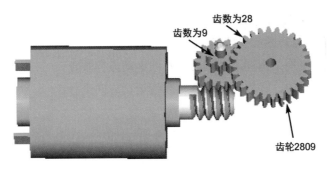

图 3-57　电动机二级减速

　　③ 电动机的三级减速，还是采用大齿轮与小齿轮运动的方法。大齿轮齿数与小齿轮齿数的比值就是减速比。小齿轮齿数为 9 齿，大齿轮齿数为 40 齿，减速比约为 4.4，电动机经过三级减速后速度降到约 97r/min，如图 3-58 所示。

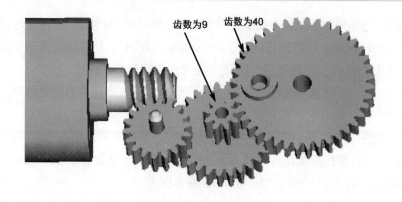

齿数为9　　齿数为40

图 3-58　电动机三级减速

④ 电动机和各级减速齿轮需要用支架固定，支架由两个零件组成，分别为上支架与下支架，如图 3-59 所示。

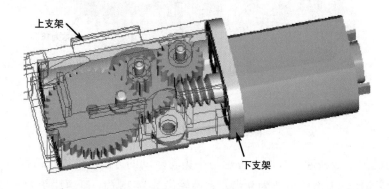

上支架

下支架

图 3-59　电动机的固定支架

（2）电动机经过变速后提供的动力是圆周旋转，但笔芯是直线方向运动，如何将圆周运动转变为直线运动呢？通常采用以下方法：

① 齿轮与齿条机构，圆周运动轴心与直线运动方向垂直。

② 蜗杆与蜗轮机构，圆周运动轴心与直线运动方向平行。

③ 曲柄滑块机构。

④ 其他机构。

该款笔芯的伸缩机构选用曲柄滑块机构，在最后一级的大齿轮上设计一个连杆，连杆与笔芯内套相连，实现笔芯的伸缩运动，如图 3-60 所示。

（3）要求笔芯能朝如图 3-61 所示方向抽出来互换，笔芯内套与笔芯间隙设计为 0.00mm，笔芯内套入口处倒大斜角导向，如图 3-62 所示。

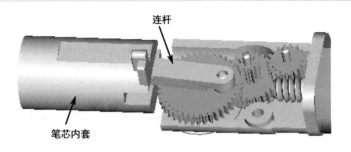

图 3-60　曲柄滑块机构

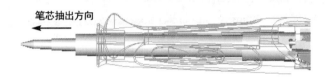

图 3-61　笔芯抽出方向

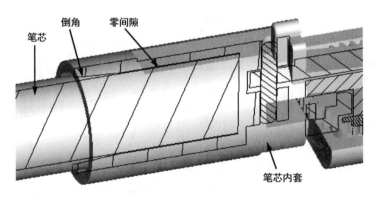

图 3-62　笔芯内套与笔芯

（4）笔芯伸缩的行程就是曲柄滑块运动的两个状态，即起始状态与终止状态，如何控制这两个状态呢？那就需要在笔芯内套起始与终止的时候有一个控制信号，在结构上设计两个控制开关，电路板上的主控芯片检测到这两个控制信号的同时给电动机发出开启或者停止的指令，从而控制笔芯的伸缩距离，如图 3-63 所示。

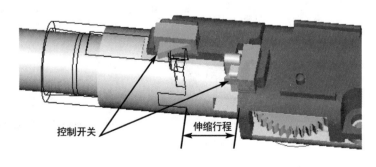

图 3-63　笔芯伸缩行程控制

（5）为了使笔芯内套按预定方向运动，在下笔杆内部对笔芯内套进行限位，但又要保证笔芯内套伸缩不受阻碍，限位间隙设计为0.12mm，如图3-64所示。

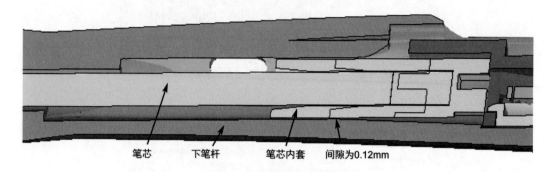

图 3-64　笔芯伸缩行程

（6）用双面胶将喇叭固定在电动机支架上，如图 3-65 所示。

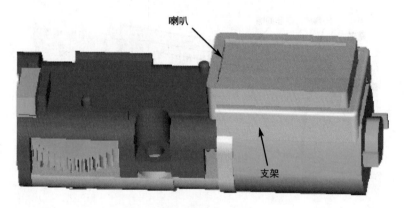

图 3-65　喇叭的固定

（7）根据内部空间设计出 FPC 的形状，FPC 通过两个定位柱限位，用双面胶固定在电动机支架上，如图 3-66 所示。

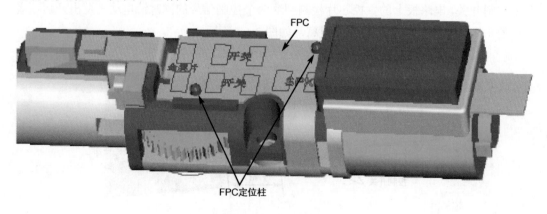

图 3-66　FPC 及定位

技巧提示

FPC 又称柔性电路板，质量轻，厚度薄，可以根据产品需要灵活设计形状及尺寸，具有可以弯折、卷曲的特点，应用非常广泛。

（8）将握手位金属片通过导线焊接在 FPC 上，如图 3-67 所示。

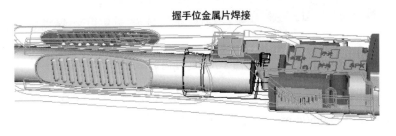

握手位金属片焊接

图 3-67　握手位金属片焊接

（9）蓝色透光件的光源来自 FPC 上的两个 LED，将 LED 通过贴片的方式直接焊接在 FPC 上，如图 3-68 所示。

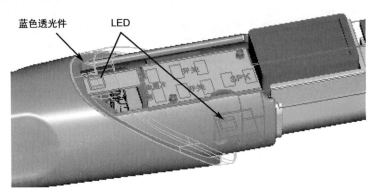

蓝色透光件　　　LED

图 3-68　LED 的固定

（10）生产组装时，先将齿轮箱、喇叭、FPC 装配成整体，再沿如图 3-69 所示的箭头方向将其装配在下笔杆里。

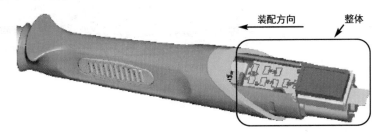

装配方向　　　整体

图 3-69　齿轮箱整体装配方向

（11）电池是锂电池，通过双面胶将其固定在上笔杆内，在主 PCB 上焊接两条引线，如图 3-70 所示。

图 3-70　电池固定

（12）根据上笔杆的内部空间设计主 PCB 的最大尺寸，主 PCB 四周与上笔杆内部间隙为 0.10mm，厚度为 0.60mm，通过两个扣位将其固定在上笔杆内，如图 3-71 所示。

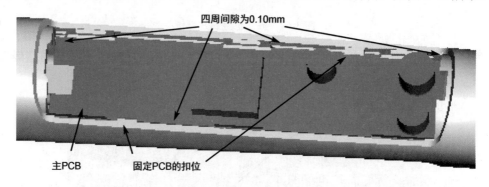

图 3-71　主 PCB

（13）将电动机支架上的 FPC 排线连接到主 PCB 上，连接时选用 FPC 专用连接座，如图 3-72 所示。

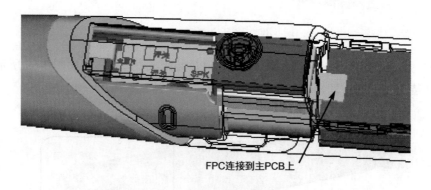

图 3-72　FPC 连接到主 PCB 上

FPC 连接座高度为 1.00mm，PIN 脚间距为 0.30mm，FPC 连接器规格如图 3-73 所示，FPC 连接器尺寸如表 3-1 所示。

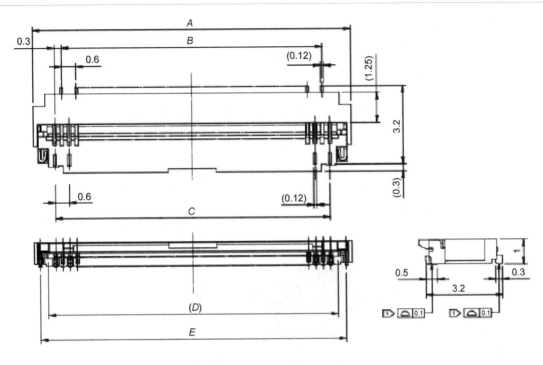

图 3-73　FPC 连接器规格

（单位为 mm）

表 3-1　FPC 连接器尺寸　　　　　　　　　　（单位：mm）

PIN	A	B	C	D	E
13	5.4	3.0	3.6	4.23	4.9
21	7.8	5.4	6.0	6.63	7.3
23	8.4	6.0	6.6	7.23	7.9
25	9.0	6.6	7.2	7.83	8.5
27	9.6	7.2	7.8	8.43	9.1
33	11.4	9.0	9.6	10.23	10.9
35	12.0	9.6	10.2	10.83	11.5
39	13.2	10.8	11.4	12.03	12.7
41	13.8	11.4	12.0	12.63	13.3
45	15.0	12.6	13.2	13.83	14.5
51	16.8	14.4	15.0	15.63	16.3
57	18.6	16.2	16.8	17.43	18.1
71	22.8	20.4	21.0	21.63	22.3

（14）将 LCD 焊接在主 PCB 上，底部采用 EVA 泡棉胶粘贴固定，如图 3-74 所示。

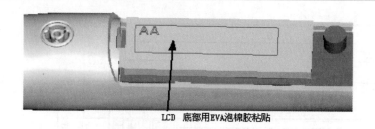

图 3-74　LCD 显示屏

（15）将按键 PCB 通过连接器连接到主 PCB 上，在按键 PCB 背面焊接 MICRO USB 连接器，如图 3-75 所示。

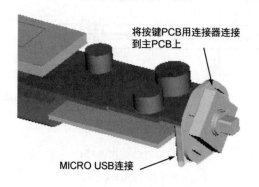

图 3-75　按键 PCB

 技巧提示

　　产品内部的所有电路板需要全新设计，PCB 外形是根据产品内部空间的实际大小设计的，结构设计人员输出板框图给电子工程师设计电路。结构设计人员在设计 PCB 框时，对于与结构相关的电子元器件的选型、元器件的大小、不同 PCB 之间的连接方式等，要与电子工程师充分沟通。

3.6　产品结构设计总结

3.6.1　检查功能需求

现在统一检查这款多功能智能笔与结构相关的功能需求是否设计完成：

（1）笔帽要具有按键功能。

检查结果：已设计完成，笔帽与五向按键相连接。

（2）显示屏亮时，通过镜片能看清显示屏上的内容；显示屏熄灭，通过镜片不能看到产品里面的零件。

检查结果：已设计完成，用黑色半透光镜片。

（3）蓝色装饰圈需要透光。

检查结果：已设计完成，用蓝色透光件，半透光。

（4）笔芯有四种，分别是钢笔芯、铅笔芯、圆珠笔芯、可擦笔芯，四种笔芯要能互换。

检查结果：已设计完成，笔芯可抽出来互换。

（5）产品外观颜色有粉色、红色、橙色、蓝色。

检查结果：已设计完成，产品零件做喷涂处理。

（6）握笔位是五金材质，接触要好，要能焊接。

检查结果：已设计完成，握笔位用铜片电镀银色，内部焊接导线连到 PCB 上。

（7）笔芯在笔内要能自动伸缩。

检查结果：已设计完成，用电动机驱动，牙箱设计完成。

（8）笔放在桌面上，不能自动翻滚。

检查结果：已设计完成，在产品的中间设计一个小平台，可将此小平台面放置在桌面使笔不翻滚，如图 3-76 所示。

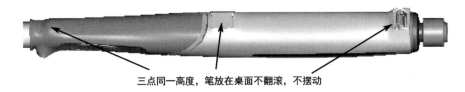

三点同一高度，笔放在桌面不翻滚，不摆动

图 3-76　三点防止笔翻滚

（9）笔内有喇叭、锂电池，用 MICRO USB 接口充电。

检查结果：已设计完成。

（10）外形尺寸要尽可能小，产品组装尽量简单。

检查结果：外形尺寸已经最小化，经过学生模拟使用测试，产品适合学生使用。在满足功能的前提下，结构设计已经减少了产品组装的难度，产品组装已达到批量化。

3.6.2　知识点总结

这款多功能智能笔涉及的结构知识主要有以下几点：

（1）学生智能笔的特点及相关结构设计。

（2）小零件的固定设计。

（3）产品内部空间紧张的布局及设计。

（4）上笔杆与下笔杆的固定设计。

（5）笔芯互换的设计。

（6）笔芯自动伸缩的设计。

（7）小型齿轮变速箱的设计。

（8）曲柄连杆机构的应用。

（9）LCD 显示屏的隐藏式设计。

（10）黑色镜片的固定及连接结构。

技巧提示

　　已讲解完这款多功能智能笔的结构设计要点，读者在学习这一章内容时，要学会融会贯通，举一反三。学习的目的不仅仅是让大家学会设计类似的笔，更重要的是要学会较复杂产品的设计思路、设计理念。结构设计是相通的，不管什么行业、什么产品，设计方法及设计思路大同小异。

多功能旅行充电器结构设计全解析

本章导读：

◆ 产品概述及 ID 效果图分析详解　　　◆ 产品拆件分析详解

◆ 结构及模具初步分析详解　　　　　◆ 建模要点及间隙讲解

◆ 结构设计要点详解　　　　　　　　◆ 产品结构设计总结

4.1 产品概述及 ID 效果图分析详解

4.1.1 产品概述

这是一款多功能旅行充电器，尤其适用于经常出国、出差旅行的人员。随着全球经济的快速发展，外出工作及旅游的人越来越多，随身携带的电子产品也越来越多，如手机、平板电脑、数码相机、蓝牙耳机等，这些设备都需要充电，而携带太多的充电设备又不太方便，于是多功能旅行充电器应运而生，很好地解决了这个问题。

这款多功能旅行充电器是根据市场需求，全新设计、全新研发的。

产品具有如下主要特点：

（1）符合多个国家充电器标准，可以在多个国家使用。

（2）具有车充功能。

（3）三个高性能 USB 输出。

（4）家用、车用、办公用等多场所使用。

（5）多国插头互换设计。

这款多功能旅行充电器整机尺寸为 68.00mm×57.00mm×31.00mm（长×宽×厚）。

技巧提示

> 此款多功能旅行充电器功能多，涉及的结构知识点很多，对结构设计而言这是一款很有挑战性的产品。读者可以根据 ID 效果图，先自己思考整个产品的结构设计思路，再看书，这样收获会更多。

图 4-1　多功能旅行充电器的 ID 效果图

这款多功能旅行充电器原始设计资料有以下几项。

（1）ID 效果图及 ID 线框。

图 4-1 所示为多功能旅行充电器的 ID 效果图，图 4-2 所示为多功能旅行充电器的背面效果图，图 4-3 所示为车充打开及多功能插头的效果图。多功能旅行充电器分为充电器主体、车充及多国插头三大部分，充电器主体、车充及多功能插头外观颜色均为黑色，产品外观还有好几种配色，如全白色、黑蓝色等。

图 4-2　多功能旅行充电器的
　　　　背面效果图

图 4-3　车充打开及多功能插头的效果图

（2）产品的功能需求。

产品的功能需求包括结构功能需求、电子功能需求、包装功能需求，这里只分析与结构相关的功能需求。

这款多功能旅行充电器与结构相关的功能需求如下：

① 具有车充功能，要求车充能打开 135°角，且能收纳。

② 插头能互换，兼容欧规、英规、澳规插头。

③ 三个 USB 接口输出。

④ 输出接口采用美规插头，要求能打开 90°角，且能收纳。

⑤ 充电器主体外观颜色主要做全黑高光、全白高光两种配色。

⑥ 车充外观颜色主要做全黑高光、全白高光两种配色。

⑦ 所有插头外观均为细磨砂效果。

⑧ 产品正面设计 5 条发光带，发光均匀，兼容指示灯功能。

⑨ 产品设计要考虑防止小孩拆卸引发安全事故。

⑩ 产品外形美观，定位为中高档。

（3）其他辅助类资料。

其他辅助类资料包括电子元器件规格书等，图 4-4 所示为 USB 连接器的尺寸。

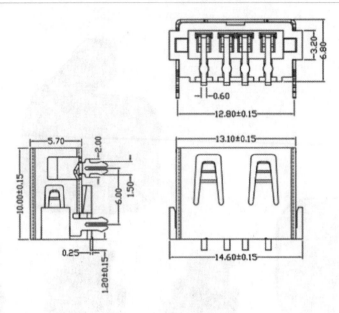

图 4-4　USB 连接器的尺寸

（单位为 mm）

4.1.2　ID 效果图分析详解

有了原始设计资料后，要对 ID 效果图进行分析，在分析 ID 效果图时要结合产品的功能。一般从以下几个方面来分析。

（1）通过 ID 效果图了解产品的基本构成。

通过分析这款多功能旅行充电器 ID 效果图可知，该产品主要由充电器主体、车充及多国插头三大部分构成，如图 4-5 所示。

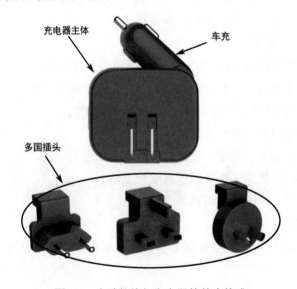

图 4-5　多功能旅行充电器的基本构成

（2）结合功能进一步分析各部分的构成。

① 从 ID 效果图分析可知，充电器主体部分又分为上壳组件和下壳组件，如图 4-6 所示。

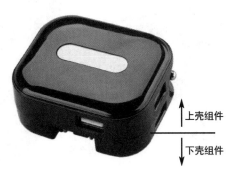

图 4-6　充电器主体部分构成

主体部分的上壳组件包括上壳、镜片两个零件，在主体上壳有两个 USB 输出口，如图 4-7 所示。

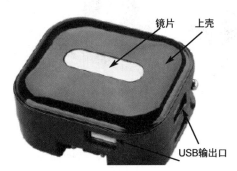

图 4-7　上壳组件构成

主体部分的下壳组件包括下壳、电源插头组件，电源插头组件由插脚和插脚支架组成。在主体下壳有一个 USB 输出口，如图 4-8 所示。

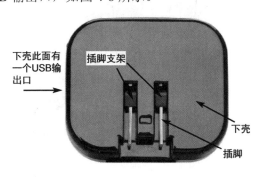

图 4-8　下壳组件构成

② 车充部分由车充上壳、车充下壳、正极五金件、负极五金件构成，如图4-9所示。

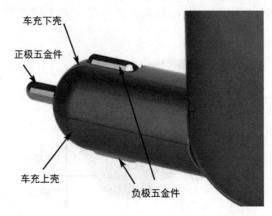

图4-9　车充部分构成

③ 多国插头部分包括欧规插头组件、英规插头组件、澳规插头组件，如图4-10所示。

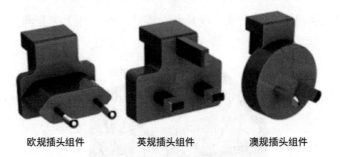

欧规插头组件　　　英规插头组件　　　澳规插头组件

图4-10　多国插头部分构成

多国插头中的欧规插头组件由欧规插头上壳、欧规插头底板、欧规插脚构成，如图4-11所示。

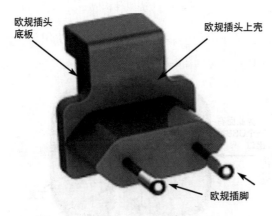

图4-11　欧规插头组件构成

多国插头中的英规插头组件与欧规插头组件构成一样，由英规插头上壳、英规插头底板、英规插脚构成。

多国插头中的澳规插头组件与欧规插头组件构成一样，由澳规插头上壳、澳规插头底板、澳规插脚构成。

4.2　产品拆件分析详解

由上一节的 ID 效果图分析可知，这款多功能旅行充电器需要拆的零件有主体上壳、主体下壳、镜片、主体电源插头、车充组件、欧规插头组件、英规插头组件、澳规插头组件，如图 4-12 所示。

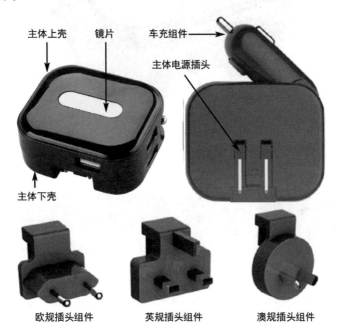

图 4-12　需要拆的零件

4.3　结构及模具初步分析详解

拆件分析完成后，要进一步分析结构设计与模具制作的可行性。

4.3.1　材料及表面处理分析

产品零部件的材料及表面的处理方式很多，不同的产品选择的零件材料及表面处理方式也有差异，前面 3.3 节详细介绍了如何选择零件的材料及表面处理方式，根据前面章节介绍的方法，这款多功能旅行充电器材料及表面处理方式选择如下：

（1）充电器主体上壳与主体下壳的材料及表面处理方式选择。

充电器主体上壳与主体下壳材料选用塑胶 PC+ABS，防火等级为 UL94-V0，成型方式为注塑，外表面喷涂黑色油漆，为防止表面刮花，还需要喷涂一层高光 UV 油漆，如图 4-13 所示。

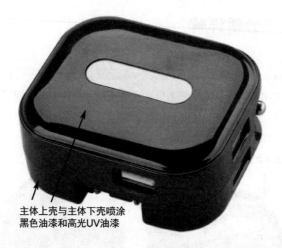

主体上壳与主体下壳喷涂
黑色油漆和高光UV油漆

图 4-13　主体上壳与主体下壳的表面处理

技巧提示

充电器属于与电接触的产品，有一定的安全隐患，充电器的壳体材料防火等级选用最高级，为 UL94-V0。

（2）车充上壳与车充下壳的材料及表面处理方式选择。

车充上壳与车充下壳材料选用塑胶 PC+ABS，防火等级为 UL94-V0，成型方式为注塑，外表面喷涂黑色油漆，为防止表面刮花，还需要喷涂一层高光 UV 油漆，如图 4-14 所示。

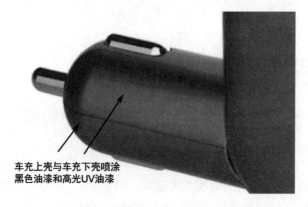

车充上壳与车充下壳喷涂
黑色油漆和高光UV油漆

图 4-14　车充上壳与车充下壳的表面处理

（3）镜片的材料及表面处理方式选择。

镜片是透明件，且其表面是平面，选用透明 PMMA 材料，表面硬度为 2H，片材切割成型，内表面丝印白色，如图 4-15 所示。

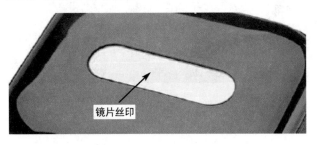

图 4-15　镜片的表面处理

（4）电源插头组件的材料及表面处理方式选择。

电源插头组件由插脚和插脚支架组成，插脚是五金件，材料选用黄铜，成型方式为冲压成型，外表面做高光效果，电镀银色处理。插脚支架是塑料件，材料选用 PC+ABS，防火等级为 UL94-V0，成型方式为注塑，表面为素材幼纹效果，如图 4-16 所示。

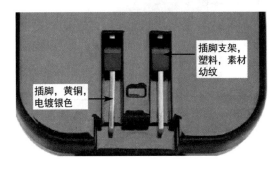

图 4-16　电源插头组件材料及表面处理

（5）车充五金件材料及表面处理方式选择。

车充五金件分为正极五金件与负极五金件，选用一个正极五金件和两个负极五金件，材料都选用 201 不锈钢，冲压模具拉伸成型，表面电镀亮银色，如图 4-17 所示。

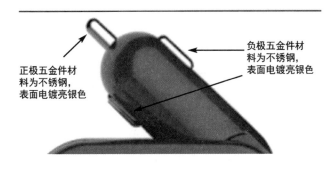

图 4-17　车充五金件材料及表面处理

📋 **技巧提示**

> 　　不锈钢为什么还要电镀？车充五金件要具备导电性能佳、耐高温、耐磨损等特点，而不锈钢电镀是在不锈钢的表面再电镀一层不生锈的其他金属（如铬，镍，铜，金等），不仅有防锈性能，还能改善其焊接性，减少高温氧化，提高导热性和导电性，改善其润滑性，提高表面光洁度等。

　　（6）多国插头组件材料及表面处理方式选择。

　　多国插头组件包括插头上壳、插头底板、插脚，插头上壳和插头底板材料选用塑胶PC+ABS，防火等级为 UL94-V0，成型方式为注塑，颜色为黑色，表面为素材磨砂纹效果；插脚是五金件，材料选用黄铜，成型方式为机械加工成型，外表面为高光效果，电镀银色处理，如图 4-18 所示。

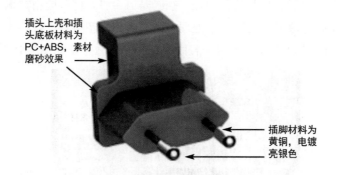

插头上壳和插头底板材料为 PC+ABS，素材磨砂效果

插脚材料为黄铜，电镀亮银色

图 4-18　多国插头组件材料及表面处理

📋 **技巧提示**

> 　　欧规插脚、英规插脚、澳规插脚都有安规要求，选择材料及表面处理方式要符合安规。

4.3.2　各零件之间的固定及装配分析

　　多功能旅行充电器属于接触强电的一类产品，带有一定的安全隐患，要求此款产品能防止小孩拆卸引发安全事故，因此在进行结构设计时，要做成防拆设计。实现防拆的结构有很多种，如采用死扣固定、胶水固定、超声焊接固定等，此款多功能旅行充电器主要采用超声焊接固定。

　　这款多功能旅行充电器各部分分析如下：

　　（1）对于充电器的主体上壳与主体下壳，由于外观与安全的要求，不选择螺钉固定，采用超声焊接和卡扣结合的方式固定，如图 4-19 所示。

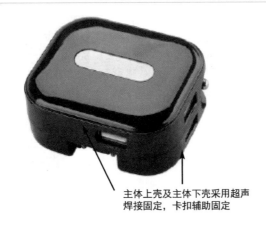

主体上壳及主体下壳采用超声
焊接固定，卡扣辅助固定

图 4-19　主体上壳与主体下壳的固定方式

（2）由于镜片是平面的，选用双面胶将其固定，如图 4-20 所示。

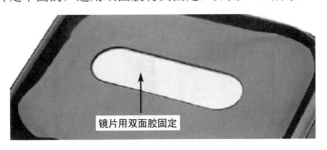

镜片用双面胶固定

图 4-20　镜片的固定方式

（3）对于车充上壳与车充下壳，由于外观与安全的要求，不选择螺钉固定，采用超声
焊接的方式固定，如图 4-21 所示。

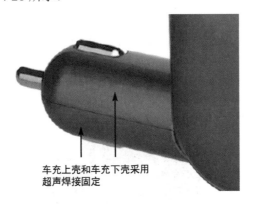

车充上壳和车充下壳采用
超声焊接固定

图 4-21　车充上壳及车充下壳的固定方式

（4）车充正极五金件需要径向伸缩及回弹，在正极五金件里要设计一个弹簧，伸缩行
程要设计止位结构。负极五金件需要朝内收缩及回弹，收缩距离比较短，在负极五金件里
面要设计一个弹性变形结构，采用弹簧或者弹片来实现，如图 4-22 所示。

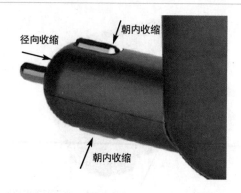

图 4-22　车充五金件的固定方式

（5）电源插头组件由插脚和插脚支架组成，通过模内嵌件注塑的方式将插脚与插脚支架紧密连接在一起。电源插头组件朝外翻转打开，再朝内翻转合上，翻转角度为 90°。在进行结构设计时，不能将电源插头组件完全固定死，还要在翻转的起始处与翻转的结束处设计止动结构，如图 4-23 所示。

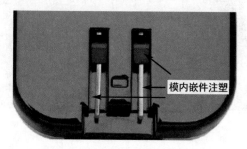

图 4-23　电源插头组件的固定方式

（6）欧规插头组件由欧规插头上壳、欧规插头底板、欧规插脚组成，通过模内嵌件注塑的方式将插脚与插头上壳紧密连接在一起。插头上壳与插头底板采用超声焊接的方式固定，如图 4-24 所示。

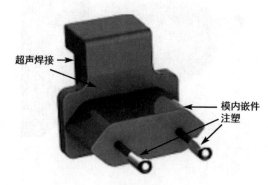

图 4-24　欧规插头组件的固定方式

（7）英规插头组件由英规插头上壳、英规插头底板、英规插脚组成，通过模内嵌件注塑的方式将插脚与插头上壳紧密连接在一起。插头上壳与插头底板采用超声焊接的方式固定，如图4-25所示。

（8）澳规插头组件由澳规插头上壳、澳规插头底板、澳规插脚组成，通过模内嵌件注塑的方式将插脚与插头上壳紧密连接在一起。插头上壳与插头底板采用超声焊接的方式固定，如图4-26所示。

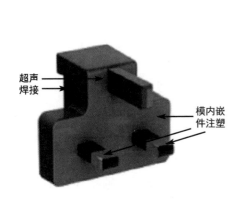

图 4-25　英规插头组件的固定方式　　　　图 4-26　澳规插头组件的固定方式

（9）多国插头组件与充电器主体需要连接在一起实现插头的转换，不仅要接触可靠，还要方便更换。在多国插头组件内设计五金弹片与充电器主体电源插脚相接触，通过弹片预压与插脚连接在一起，如图4-27所示。

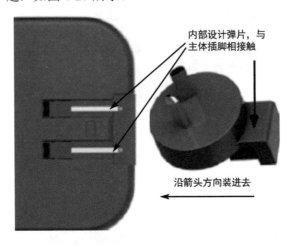

图 4-27　多国插头与主体的连接方式

（10）要求车充组件能翻转，朝外旋转打开，再朝内旋转合上，旋转角度为135°左右。在进行结构设计时，不能将车充组件完全固定死，还要在旋转的起始处与旋转的结束处设计止动结构。车充组件位于主体上壳与主体下壳的中间，需要设计旋转轴，旋转轴中间要有空间穿线，如图4-28所示。

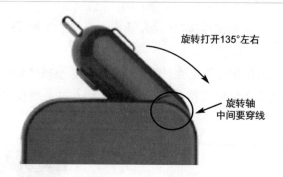

图 4-28　车充与主体的连接方式

4.3.3　模具初步分析

模具初步分析主要分析产品各个零件的成型方法及模具设计的分模示意图,要清楚模具分型面位于零件的什么位置。

这款多功能旅行充电器各部分分析如下:

(1)充电器主体上壳是塑料件,通过塑胶模具注塑成型。模具分型面位于主体上壳与主体下壳的接合面处,外表面为前模方向,内表面为后模方向。两个 USB 连接器开孔用隧道滑块机构出模,如图 4-29 所示。

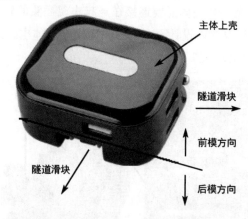

图 4-29　主体上壳分模示意图

📋 **技巧提示**

　　隧道滑块是一种比较好的解决产品侧壁孔位的方式,优点是在产品外观上不留夹线的痕迹。

(2)充电器主体下壳是塑料件,通过塑胶模具注塑成型。模具分型面位于主体下壳与主体上壳的接合面处,外表面为前模方向,内表面为后模方向。一个 USB 连接器开孔用隧道滑块机构出模,主体插头组件处有倒扣,采用滑块出模,如图 4-30 所示。

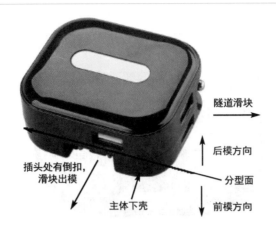

图 4-30　主体下壳分模示意图

（3）车充上壳是塑料件，通过塑胶模具注塑成型。模具分型面位于车充上壳与车充下壳的接合面处，外表面为前模方向，内表面为后模方向，如图 4-31 所示。

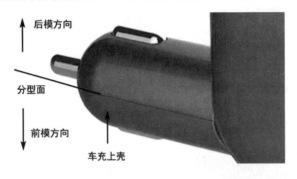

图 4-31　车充上壳分模示意图

（4）车充下壳是塑料件，通过塑胶模具注塑成型。模具分型面位于与车充上壳接合面处，外表面为前模方向，内表面为后模方向，如图 4-32 所示。

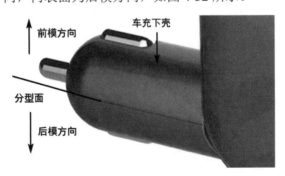

图 4-32　车充下壳分模示意图

（5）电源插头组件是由塑料与五金组成的，通过塑胶模具注塑成型，五金通过模内嵌件注塑的方式与塑料接合在一块。为方便注塑时放置五金件，采用立式注塑机，五金件垂直放入模具中。模具分型面位于旋转轴的中心，上面为前模方向，后面为后模方向，如图 4-33 所示。

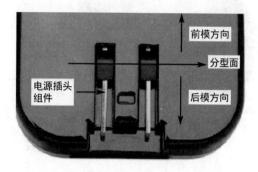

图 4-33　电源插头组件分模示意图

（6）欧规插头组件是由塑料与五金组成的，通过塑胶模具注塑成型，五金通过模内嵌件注塑的方式与塑料接合在一块。为方便注塑时放置五金件，采用立式注塑机，五金件垂直放入模具中。模具分型面位于底面，上面为前模方向，后面为后模方向，如图 4-34 所示。

（7）英规插头组件与澳规插头组件，其模具分模方式与欧规插头组件一样。

（8）镜片为平整面，采用片材切割成型，不需要塑胶模具，如图 4-35 所示。

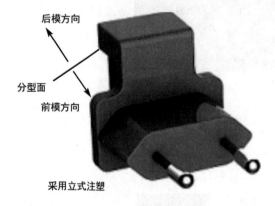

图 4-34　欧规插头组件分模示意图

图 4-35　镜片切割成型

4.4　建模要点及间隙讲解

结构设计常用的软件是 Pro/ENGINEER，软件版本不重要，因为本书不做具体的软件操作讲解。本节主要讲解这款产品建模的要点，读者主要学习产品结构设计的思路及技巧。

建模采用自顶向下的设计理念，先做骨架，然后拆分零件。什么是自顶向下设计理念？做骨架与拆件有什么原则及要求？这些问题在这里就不讲述了，有需要的读者朋友可以参考《产品结构设计实例教程——入门、提高、精通、求职》一书，此书第二部分有详细的讲解。

4.4.1　骨架要点讲解

给这款多功能旅行充电器设计一个骨架，产品外形没有复杂的曲面，骨架相对简单。

（1）首先将原始 ID 线条导入 3D 软件中，导入的线条只能作为参考，不能直接使用。图 4-36 所示为导入 3D 软件中的线条。

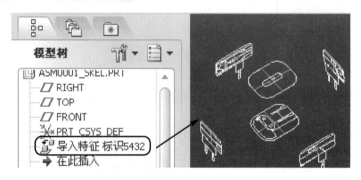

图 4-36　导入 3D 软件中的 ID 线条

📋 **技巧提示**

> 　　ID 设计师提供的线条一般是 dxf 格式的，导入 3D 软件前要通过 2D 软件处理线条，将线条处理成三维状态，且导入 3D 软件中只能作为参考，不能直接使用，否则骨架很难修改。

（2）导入线条后，下一步是草绘两条曲线，用于控制整个产品的长、宽、高，如图 4-37 所示。

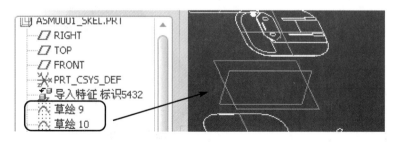

图 4-37　控制产品尺寸的线条

（3）完成主体上壳曲面，外形拔模 1.5°，如图 4-38 所示。

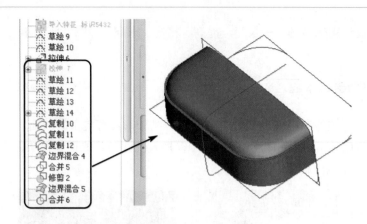

图 4-38　主体上壳曲面

（4）完成主体下壳曲面，外形拔模 1.5°，如图 4-39 所示。

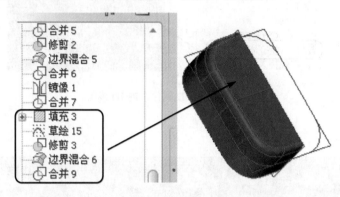

图 4-39　主体下壳曲面

（5）车充组件表面是一个圆形曲面，不需要做拔模角度，完成的车充组件曲面如图 4-40 所示。

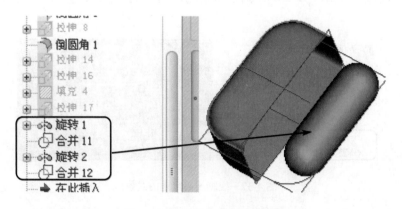

图 4-40　完成的车充组件曲面

（6）完成其他所有拆件需要的曲线与曲面，完成的骨架模型如图 4-41 所示。

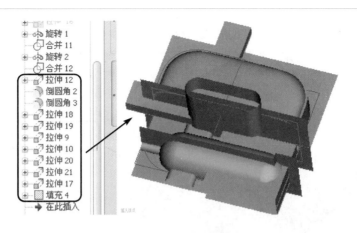

图 4-41　完成的骨架模型

📋 **技巧提示**

　　为什么主体部分外壳只拔模 1.5°，车充组件部分外壳又不做拔模角度呢？因为主体外壳表面喷涂高光 UV 油漆，模具需要省光，主体部分拔模 1.5°就可以满足要求，拔模角度大，会影响产品外形的美观度。如果主体外壳表面是文面的，那么拔模角度不得小于 3°。车充组件不做拔模角度是因为车充组件位于全圆上，从轴心分模，有自然的角度出模，增加拔模角度反而影响外观。

4.4.2　拆件要点讲解

　　骨架完成后，需要拆分零件，本节主要讲解拆件的要点及各主要零件的料厚，对具体的软件操作不做讲解。

　　（1）充电器对产品强度有一定的要求，要能抗摔。主体上壳虽然外形简单，但由于采用超声焊接与主体下壳固定，在进行结构设计时需要留空间做止口，拆件时，主体上壳料厚要做到 2.30mm，如图 4-42 所示。

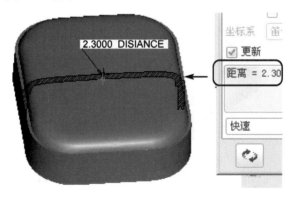

图 4-42　主体上壳料厚

（2）充电器对产品强度有一定的要求，要能抗摔。主体下壳虽然外形简单，但由于采用超声焊接与主体上壳固定，拆件时，主体下壳料厚做到2.00mm，如图4-43所示。

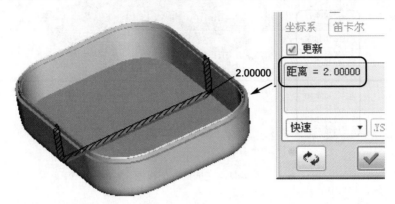

图4-43　主体下壳料厚

（3）车充上壳及车充下壳外形简单，尺寸较小，但对强度有一定的要求，且采用超声焊接。拆件时，车充上壳及车充下壳料厚做到1.80～2.00mm，如图4-44所示。

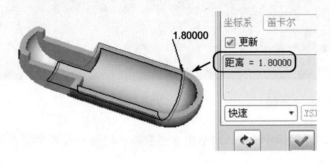

图4-44　车充上壳及车充下壳料厚

（4）多国插头组件外形简单，尺寸较小，但对强度有一定的要求，且采用超声焊接。拆件时，插头上壳料厚做到1.80～2.00mm，如图4-45所示。

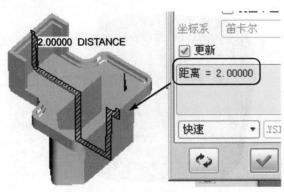

图4-45　插头上壳料厚

（5）多国插头底板由于尺寸较小，承受力比插头上壳也要小一点，料厚做到 1.50～1.80mm，如图 4-46 所示。

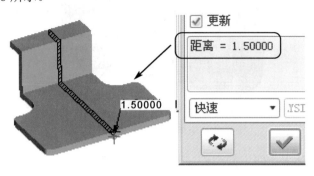

图 4-46 插头底板料厚

（6）完成的整个建模图如图 4-47 所示。

图 4-47 完成的整个建模图

4.4.3 零件之间的间隙讲解

在建模拆件时，设置零件的间隙很重要，不合理的间隙会造成零件装配过紧、过松、段差、内缩等缺陷。

本节虽然讲解的是这款多功能旅行充电器的间隙设计，但对大部分充电类产品也适用。

（1）充电器主体上壳与主体下壳的间隙设计要考虑以下因素：

① 只有一个主要的接合面（分型面）。

② 超声焊接，不需要拆卸。

③ 主体上壳与主体下壳的高度差不多。

④ 外形都有拔模角度。

结合以上几点，充电器主体上壳与主体下壳间隙为 0.00mm，如图 4-48 所示。

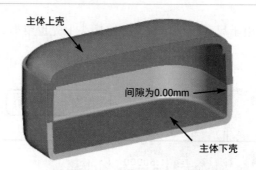

图 4-48　主体上壳与主体下壳的间隙

（2）镜片与主体上壳四周间隙设计要考虑以下因素：

① 主体上壳需要喷涂，要考虑喷油层的厚度。

② 主体上壳贴镜片位置需要遮喷，但周边角落及边缘会落到油漆。

③ 双面胶厚度约为 0.12mm。

④ 防止镜片凸出上壳表面，造成刮手，镜片要比上壳表面低。

结合以上几点，镜片与主体上壳四周间隙为 0.12mm，镜片表面比上壳表面低 0.03mm，镜片底面与上壳之间双面胶的间隙为 0.12mm，如图 4-49 所示。

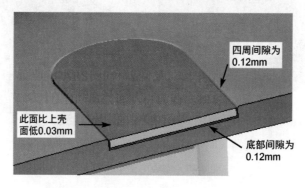

图 4-49　镜片与主体上壳的间隙

（3）车充上壳与车充下壳在接合面的间隙为 0.00mm，如图 4-50 所示。

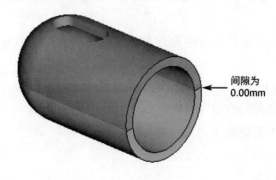

图 4-50　车充上壳与车充下壳的间隙

（4）正极五金件、负极五金件与车充外壳间隙设计要考虑以下因素：

① 车充外壳需要喷涂，要考虑喷油层的厚度。

② 五金件需要伸缩及回弹。

③ 间隙过大会造成五金件在伸缩与回弹过程中歪斜而被卡死。

④ 间隙过小会导致运动不顺畅。

⑤ 对于需要运动的塑胶零件，如果提前很难预估运动状况，建议将间隙初始值设计大一点，后续根据实配情况再加胶调整。

结合以上几点，正极五金件、负极五金件与车充外壳间隙初始值设计为 0.20mm，后续根据实配情况再考虑是否需要加胶调整，如图 4-51 所示。

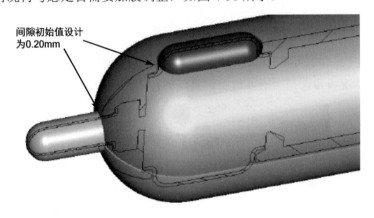

图 4-51　车充五金件与车充外壳的间隙

📋 **技巧提示**

为什么说"对于需要运动的塑胶零件，如果设计时很难预估运动状况，建议将间隙初始值设计大一点，后续根据实配情况再加胶调整"呢？因为如果初始间隙留小了，后续再减胶，模具修改难度就大很多，这就是模具行业常说的"加胶容易减胶难"，产品加胶而模具上就是减钢料，产品减胶而模具上就是加钢料，加钢料需要烧焊，不仅难度大，还有损坏模具的风险。

（5）车充组件与主体外壳间隙设计要考虑以下因素：

① 车充外壳需要喷涂，要考虑喷油层的厚度。

② 主体外壳需要喷涂，要考虑喷油层的厚度。

③ 车充组件要能旋转打开。

④ 间隙过小会导致旋转运动不顺畅。

⑤ 对于需要运动的塑胶零件，如果提前很难预估运动状况，建议将间隙初始值设计大一点，后续根据实配情况再加胶调整。

结合以上几点，车充组件与主体外壳间隙初始值设计为 0.20mm，后续根据实配情况再考虑是否需要加胶调整，如图 4-52 所示。

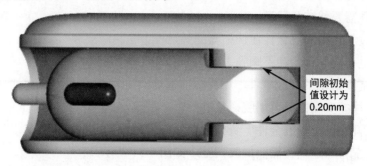

图 4-52　车充组件与主体外壳的间隙

（6）电源插头组件也需要旋转运动，电源插头组件与主体下壳间隙初始值设计为 0.20mm，后续根据实配情况再考虑是否需要加胶调整，如图 4-53 所示。

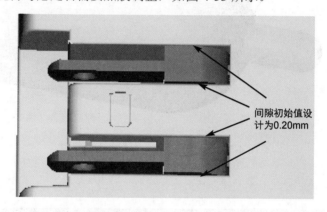

图 4-53　电源插头组件与主体下壳的间隙

（7）多国插头组件也需要运动，多国插头组件与主体下壳间隙初始值设计为 0.20mm，后续根据实配情况再考虑是否需要加胶调整，其他间隙如图 4-54 所示。

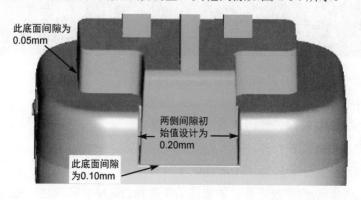

图 4-54　多国插头与主体下壳的间隙

📋 技巧提示

> 间隙设计是很重要的，间隙过大会影响产品的外观及功能，间隙过小容易卡死导致装配困难。影响间隙的因素除了结构设计，还有模具加工的精度及注塑的误差，结构设计的间隙是理想化间隙，但在实际工作中，经常采用实配的方式来调整。

4.5 结构设计要点详解

本节主要讲解此款产品的结构设计要点及难点，让读者朋友能够学习到比较复杂的产品设计的一些技巧及技能，以便在工作中能够将这些知识加以运用，并能举一反三。

这款多功能旅行充电器按主体结构、车充组件结构、多国插头组件结构三大部分来分析。

主体结构包括主体上壳与主体下壳之间的结构、主体上壳内部结构、主体下壳内部结构、主体电源插头结构；车充组件结构包括车充上壳与车充下壳之间的结构、车充内部结构、车充组件与主体的结构；多国插头组件包括欧规插头组件结构、英规插头组件结构、澳规插头组件结构、多国插头组件与电源插头组件之间的结构。

4.5.1 主体上壳与主体下壳之间的结构设计要点讲解

（1）设计主体上壳与主体下壳结构时，首先要设计止口，由于上壳与下壳采用超声焊接的方式连接及固定，将止口设计成双止口，主体上壳上做凹形母止口，主体下壳上做公止口，如图4-55所示。

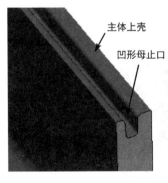
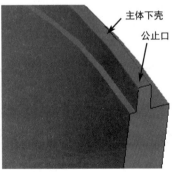

图 4-55　主体外壳止口设计

（2）双止口尺寸如图4-56所示。

① 尺寸 a 为公止口的高度，常用范围为1.00～1.20mm，此款产品设计值为1.20mm。

② 尺寸 b 为止口内侧间隙，常用值为0.05mm，此款产品设计值为0.05mm。

③ 尺寸 c 为止口外侧间隙，常用值为 0.05mm，此款产品设计值为 0.05mm。

④ 尺寸 d 为止口顶部间隙，常用范围为 0.10~0.20mm，此款产品设计值为 0.10mm。

⑤ 尺寸 e 为母止口外侧料厚，常用范围为 0.90~1.50mm，推荐值为 1.20mm，此尺寸过小，外观面可能会产生亮印，影响外观，如果外观面做表面处理，可以遮挡亮印。

⑥ 尺寸 f 为公止口的宽度，常用范围为 0.60~0.80mm，此款产品设计值为 0.65mm。

⑦ 尺寸 g 为母止口内侧料厚，常用范围为 0.50~0.80mm，此款产品设计值为 0.55mm。

⑧ 尺寸 h 为母止口外壳的整体料厚，此厚度不小于 2.30mm，此款产品设计值为 2.30mm。

⑨ 尺寸 i 为止口顶部倒圆角，常用范围为 0.20~0.30mm，此款产品设计值为 0.20mm。

⑩ 尺寸 j 为止口拔模角度，常用范围为 2°~3°，此款产品设计值为 2°。

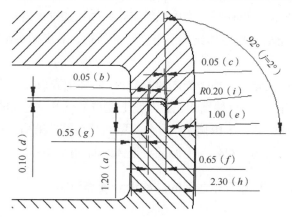

图 4-56　双止口尺寸

（单位为 mm）

（3）在主体下壳公止口上设计超声线，为防止焊接时溢胶，将超声线切断，设计成虚线式超声线，如图 4-57 所示。

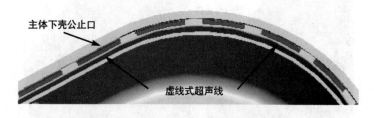

图 4-57　卡扣截面图

（4）公止口超声线设计尺寸如图 4-58 所示。

尺寸说明：

① 尺寸 a 为超声线伸入母止口的高度，此款产品设计值为 0.35mm。

② 尺寸 b 为超声线的高度，常用范围为 0.30~0.50mm，此款产品设计值为 0.45mm。

③ 尺寸 c 为超声线的宽度，常用范围为 0.30～0.50mm，此款产品设计值为 0.35mm。

④ 尺寸 d 为止口顶部间隙，常用范围为 0.10～0.20mm，此款产品设计值为 0.10mm。

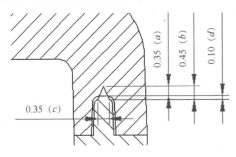

图 4-58　公止口超声线设计尺寸

（单位为 mm）

（5）在主体上壳与主体下壳设计两个定位柱，定位柱呈对角放置，起精确限位上壳及下壳的作用。定位柱直径为 1.20mm，高度为 2.00mm，单边间隙初始设计值为 0.03mm，建议后续根据实际装配情况加胶调整到零配，如图 4-59 所示。

图 4-59　定位柱设计

（6）在主体上壳与主体下壳设计两个卡扣，卡扣主要起辅助作用，扣合量为 0.50mm，扣位宽度为 4.00mm，如图 4-60 所示。

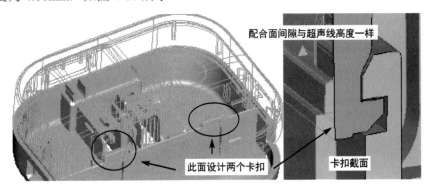

图 4-60　卡扣设计

📋 **技巧提示**

既然上壳及下壳是超声焊接，为什么还要设计卡扣呢？在超声焊接时，为了防止上壳及下壳分离，设计卡扣起辅助固定的作用，有利于超声焊接操作，这是经过多次实践的经验总结。在设计时注意卡扣配合面间隙与超声线的高度一样，这样设计的目的就是产品在超声焊接前，卡扣已经起作用了，超声焊接后，卡扣的配合面间隙已经变大，卡扣的作用已弱化。

4.5.2 主体上壳内部结构设计要点讲解

（1）主体上壳表面有一个镜片，镜片需要透光，选用 PMMA 材料，厚度为 0.80mm，通过 CNC 切割成型。镜片采用双面胶固定，背面除透光区外丝印黑色，如图 4-61 所示。

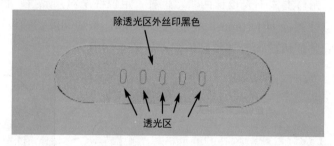

图 4-61　镜片设计

📋 **技巧提示**

PMMA 镜片材料常用的厚度有 0.50mm、0.65mm、0.80mm、1.00mm、1.20mm 等，根据产品空间选用合适的厚度，一般来说，镜片尺寸越大，选择的厚度就要越大。镜片厚度推荐值为 0.80mm 和 1.00mm，能满足大部分产品的需求。

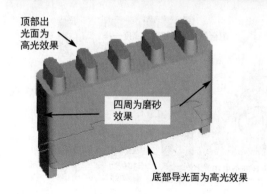

图 4-62　导光柱设计

（2）镜片需要透光，光来自 PCB 上的 LED，LED 直接发出的光是自然散乱的，需要设计导光结构。对此款产品设计一个导光柱，导光柱采用透明 ABS 塑料，添加光扩散剂，产品四周表面为磨砂效果，导光面与出光面为高光效果，这样导出来的顶部光条均匀、美观、柔和，如图 4-62 所示。

📋 **技巧提示**

> 　　光扩散剂是一种添加剂，与透明塑料混合在一起注塑，可以增加光的散射和透射，达到发光均匀的效果，使光线更加柔和、美观。光扩散剂广泛应用于 LED 及光源类产品，如灯罩、灯管、数码显示管等。
>
> 　　对于此款多功能充电器的导光设计，如果导光柱不添加光扩散剂，镜片显示的光也会比较均匀。由于此款产品显示的是呼吸灯效果，添加光扩散剂会使光线更均匀、更柔和。

　　（3）LED 发出的光通过导光柱散射，而上壳是黑色的，可以遮光，镜片除透光区外丝印黑色，达到发光均匀、不漏光的效果，如图 4-63 所示。

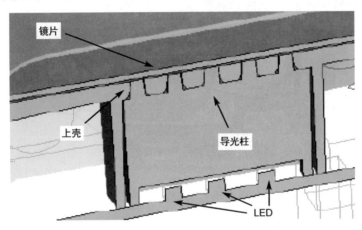

图 4-63　导光剖面图

　　（4）将导光柱通过零配和卡扣的方式固定在主体上壳里，卡扣宽度为 4.00mm，扣合量约为 0.40mm。零配不建议用整个面，而是在主体上壳设计骨位与导光柱零配，这样设计便于后续实配调整，如图 4-64 所示。

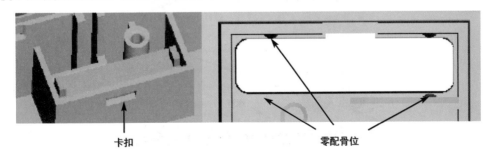

图 4-64　导光柱的固定

　　（5）主体上壳由于要安装车充组件，需要切孔，在切孔处设计一个挡板，挡板的主要作用是遮丑，美化产品，挡板材料选用 PC+ABS，料厚为 1.50mm，如图 4-65 所示。

图 4-65　上壳挡板

（6）挡板采用卡扣固定，共设计四个卡扣，挡板不用拆卸，设计成死扣，卡扣宽度为4.00mm，扣合量为0.65mm，如图 4-66 所示。

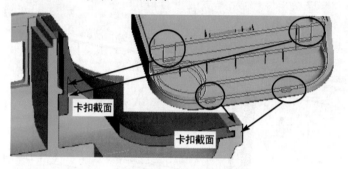

图 4-66　上壳挡板的固定

（7）此款多功能旅行充电器主体上壳有两个 USB 输出口，而主体下壳要安装电源插头，会导致空间不够，因此将 PCB 固定在主体上壳内。根据主体上壳内部空间设计 PCB 的外形尺寸，PCB 厚度为 1.00mm，通过两个圆柱限位，用两个型号为 PB1.7×4.00mm 的自攻牙螺钉将 PCB 固定在上壳内，如图 4-67 所示。

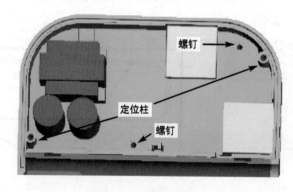

图 4-67　PCB 的固定

（8）在主体上壳上设计长骨位以支撑 PCB 背面，防止超声焊接及跌落时摆动，如图 4-68 所示。

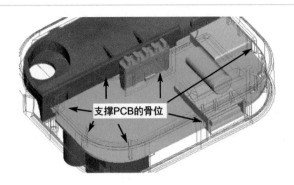

图 4-68　主体上壳长骨位支撑 PCB 背面

（9）在 PCB 上要将对结构有影响的或者与结构相关的电子元器件画出来，如外形比较大的元器件与外壳可能存在干涉、LED 的位置与结构设计直接相关联、外壳 USB 连接器开孔的位置要对齐等，如图 4-69 所示。

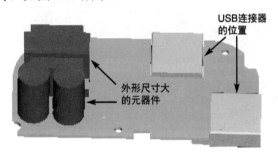

图 4-69　PCB 上画出元器件

（10）外壳上 USB 连接器开孔的大小分两种情况，第一种情况是 USB 连接器伸入开孔中，开孔尺寸比 USB 连接器外形尺寸单边大 0.10～0.20mm，推荐设计值为 0.15mm；第二种情况是 USB 连接器没有伸入开孔中，建议开孔尺寸为 12.50mm×5.00mm（长×宽），如图 4-70 所示。

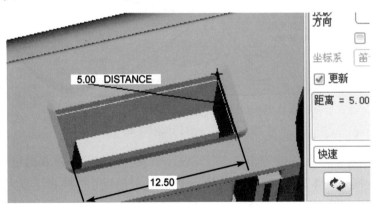

图 4-70　USB 连接器开孔尺寸

技巧提示

> USB 连接器的尺寸有行业统一标准，USB 连接器母座外形分直边与卷边两种，但内部插入 USB 公头尺寸是一样的，USB 公头标准尺寸为 12.00mm×4.50mm（长×宽），壳体上开孔尺寸比公头尺寸单边大 0.25mm，即长为 12.50mm，宽为 5.00mm。

4.5.3　主体下壳内部结构设计要点讲解

（1）主体下壳由于要安装车充组件，需要切孔，在切孔处设计一个挡板，挡板的主要作用是遮丑，美化产品，挡板材料选用 PC+ABS，料厚为 1.50mm，与外壳四周间隙为 0.05mm，如图 4-71 所示。

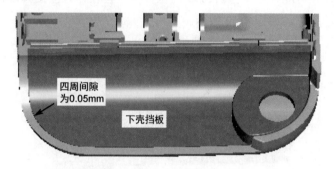

图 4-71　下壳挡板

（2）下壳挡板的固定采用卡扣，共设计四个卡扣，挡板不用拆卸，设计成死扣，卡扣宽度为 4.00mm，扣合量为 0.65mm，如图 4-72 所示。

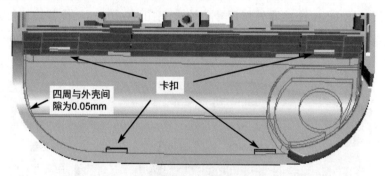

图 4-72　下壳挡板的固定

（3）主体下壳有一个 USB 输出口，需要设计一个小 PCB，小 PCB 通过焊线的方式与主 PCB 连接。根据主体下壳内部空间设计小 PCB 的外形尺寸，PCB 厚度为 1.00mm，通过两个圆柱限位，圆柱直径为 1.00mm，与 PCB 单边间隙为 0.05mm，另外用两个型号为 PB1.7×4.00mm 的自攻牙螺钉将 PCB 固定在下壳内，如图 4-73 所示。

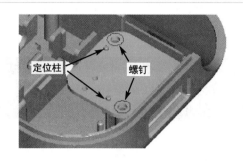

图 4-73　小 PCB 的固定

（4）主体下壳 USB 连接器没有伸入开孔中，USB 插头开孔长为 12.50mm，宽为 5.00mm，如图 4-74 所示。

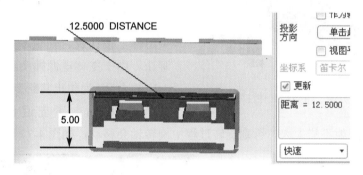

图 4-74　主体下壳 USB 开孔

4.5.4　主体电源插头结构设计要点讲解

（1）主体电源插头采用美规二相插脚，材料选用黄铜，表面电镀银色，图 4-75 所示为此款多功能充电器使用的美规二相插脚尺寸。

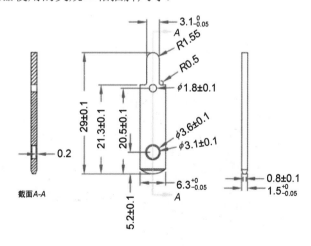

图 4-75　此款多功能充电器使用的美规二相插脚尺寸

（单位为 mm）

技巧提示

美规二相插脚与中国国标二相插脚外形相似，美规二相插脚比国标二相插脚中间多一个孔，但基本上可以通用。

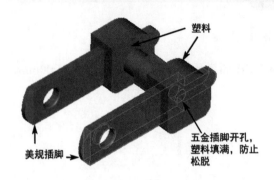

图 4-76　美规二相插脚嵌件注塑

（2）美规二相插脚与塑胶件通过模内嵌件注塑在一起，美规二相插脚五金件开孔，填满塑料，接合更紧密，防止经常拔插造成松脱，如图 4-76 所示。

（3）主体电源插头组件需要旋转，首先就要确定旋转的轴心位置。在主体电源插头组件上设计旋转轴，下壳沿旋转轴切孔避让。由于主体电源插头组件旋转要承受一定的力量，为防止其断裂，旋转轴直径设计为 4.00mm，下壳避让间隙设计为 0.08mm，此处间隙不能太大，否则旋转过程中旋转轴会移动，如图 4-77 所示。

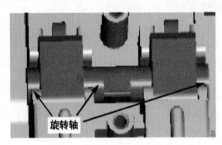
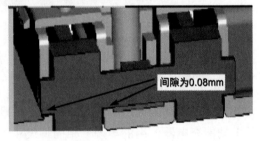

图 4-77　主体电源插头组件旋转轴

（4）主体电源插头组件旋转轴的定位尺寸是一个很重要的数值，需要多次模拟及修改才能确定，旋转轴定位尺寸如图 4-78 所示。

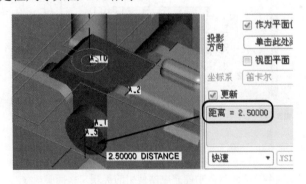

图 4-78　旋转轴定位尺寸

（5）主体电源插头组件在打开状态和闭合状态都需要与 PCB 有连接，连接要可靠，以免接触不良从而影响功能。主 PCB 在上壳组件中，而电源插头组件在下壳组件中，通过焊线的方式将电源插头组件连接到主 PCB。如果将导线直接焊到五金插脚上，五金插脚在旋转过程中容易将焊接线拉断，在这种情况下需要设计五金插脚与主 PCB 之间的连接弹片，如图 4-79 所示。

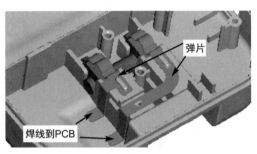

图 4-79　连接弹片

（6）主体电源插头组件在闭合状态时，连接弹片与五金预压紧配，预压值约为 2.50mm，如图 4-80 所示。

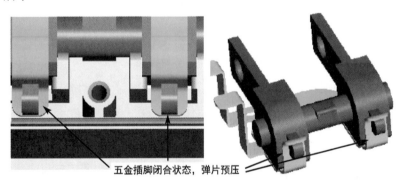

图 4-80　五金插脚闭合时弹片预压

（7）主体电源插头组件在打开状态时，连接弹片与五金预压紧配，预压值约为 0.50mm，如图 4-81 所示。

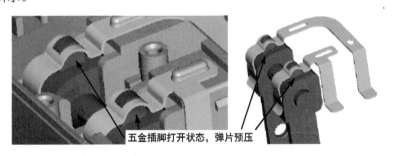

图 4-81　五金插脚打开时弹片预压

（8）五金连接弹片共有两个，一个是长五金弹片，一个是短五金弹片，材料采用304不锈钢，厚度为0.30mm，表面为不锈钢原色，图4-82所示为长五金弹片的尺寸。

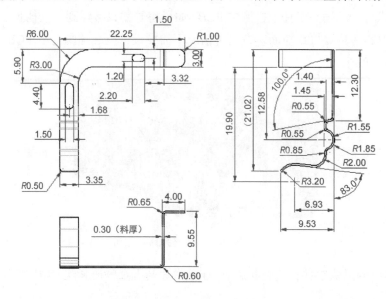

图4-82　长五金弹片的尺寸

（单位为mm）

（9）短五金弹片的尺寸如图4-83所示。

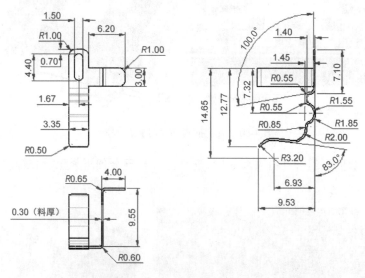

图4-83　短五金弹片的尺寸

（单位为mm）

（10）五金弹片通过定位柱限位在主体下壳上，将定位柱设计成顶小底大的形状，底部与弹片零配，如图4-84所示。

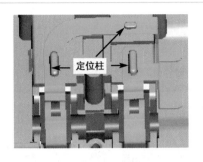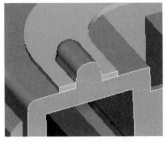

图 4-84　五金弹片的限位

（11）通过设计一个塑料压块将电源插头组件和五金弹片固定，压块通过两个卡扣与两个型号为 PB1.7×4.00mm 的自攻牙螺钉固定在主体下壳上，如图 4-85 所示。

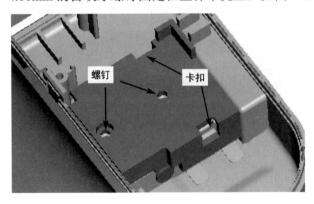

图 4-85　塑料压块

技巧提示

> 在主体电源插脚打开及闭合过程中，卡扣需要受力，卡扣长期受力可能会断裂，因此要用螺钉固定，安全可靠。

4.5.5　车充上壳与车充下壳之间的结构设计要点讲解

（1）车充上壳与车充下壳的横截面是一个圆，沿轴心分开成两半，这种由全圆分开的外形很容易造成上壳与下壳的段差，不仅刮手还影响外观。在进行结构设计时，对于这种由全圆分开的产品，如果外观没有特别的要求，建议设计美工线。

美工线又称遮丑线、美观线、美工槽，主要作用是遮丑、防止上壳及下壳错位产生段差，缺点是在产品上壳及下壳的接合面处会产生一条缝隙，对外观要求高的产品不太适合设计美工线。

此款车充组件的美工线设计在下壳上，美工线宽为 0.20mm，高为 0.25mm，如图 4-86 所示。

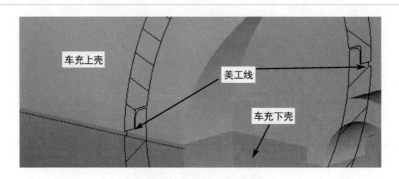

图 4-86　美工线的示意图

（2）为了防止车充上壳与车充下壳错位，需要设计止口，由于厚度的限制，止口采用单止口，主体上壳做母止口，主体下壳做公止口，如图 4-87 所示。

图 4-87　车充上壳及下壳的止口

（3）车充上壳与车充下壳通过超声焊接连接及固定，在车充上壳母止口上设计超声线，超声线宽为 0.40mm，高为 0.40mm。为防止焊接时溢胶，将超声线切断，设计成虚线式超声线，如图 4-88 所示。

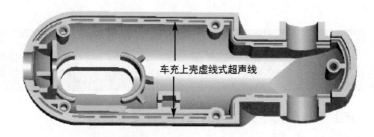

图 4-88　车充上壳虚线式超声线

技巧提示

　　对于单止口的外壳，将超声线设计在公止口上还是母止口上呢？都是可以的，只要焊接牢固。这款多功能旅行充电器产品主体上壳与主体下壳采用双止口结构，将超声线设计在公止口上。车充上壳与车充下壳采用单止口结构，将超声线设计在母止口上，也可以设计在公止口上。

（4）在车充上壳与车充下壳上设计五个定位柱，起精确限位上壳及下壳的作用。定位柱直径为 1.00mm，高度为 2.00mm，单边间隙初始设计值为 0.03mm，建议后续根据实际装配情况加胶调整到零配，如图 4-89 所示。

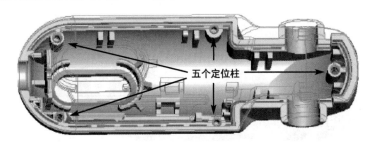

图 4-89　车充外壳定位柱

（5）车充上壳与车充下壳的止口、超声线、美工线尺寸如图 4-90 所示。

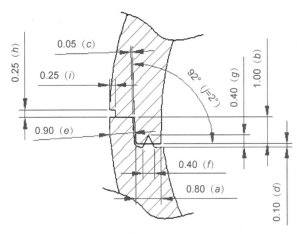

图 4-90　车充外壳止口、超声线、美工线尺寸

（单位为 mm）

尺寸说明：

① 尺寸 a 为公止口的宽度，常用范围为 0.60～0.80mm，此款产品设计值为 0.80mm。

② 尺寸 b 为公止口的高度，常用范围为 1.00～1.20mm，此款产品设计值为 1.00mm。

③ 尺寸 c 为止口配合间隙，常用值为 0.05mm，此款产品设计值为 0.05mm。

④ 尺寸 d 为止口底部间隙，常用范围为 0.10～0.20mm，此款产品设计值为 0.10mm。

⑤ 尺寸 e 为母止口外侧料厚，常用范围为 0.90～1.50mm，此款产品设计值为 0.90mm。

⑥ 尺寸 f 为超声线宽度，常用范围为 0.30～0.50mm，此款产品设计值为 0.40mm。

⑦ 尺寸 g 为超声线的高度，常用范围为 0.30～0.50mm，此款产品设计值为 0.40mm。

⑧ 尺寸 h 为美工线的高度，常用范围为 0.25～0.50mm，此款产品设计值为 0.25mm。

⑨ 尺寸 i 为美工线的深度，常用范围为 0.25～0.50mm，此款产品设计值为 0.25mm。

⑩ 尺寸 j 为止口拔模角度，常用范围为 2°~3°，此款产品设计值为 2°。

（6）车充上壳与车充下壳之间设计反止口，防止外壳变形内陷造成接合面段差，反止口设计在上壳母止口处，与公止口间隙为 0.10mm，反止口高度为 1.00mm，如图 4-91 所示。

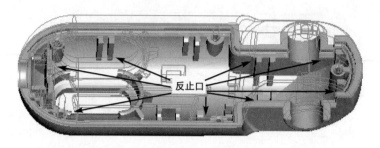

图 4-91　车充外壳的反止口

技巧提示

在有空间的前提下，反止口要设计成对，即两个反止口做一对，间距约为 1.20mm，这样设计的好处是能保证反止口的强度，如图 4-92 所示。

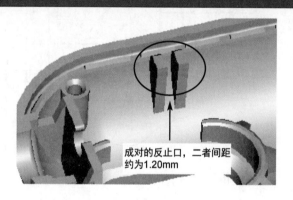

成对的反止口，二者间距约为1.20mm

图 4-92　成对的反止口

4.5.6　车充内部结构设计要点讲解

（1）车充正极五金件材料为不锈钢，采用适合做深冲的不锈钢材料压延 201 卷带，拉伸成型，材料厚度为 0.30mm，如图 4-93 所示。

技巧提示

车充五金件的材料除了不锈钢，最常见的是锰钢与铁，价格实惠，性价比高，且有公模，款式众多可供选择。不锈钢材料对模具的要求高，材料价格也比钢铁贵，适用于中高档的车充产品。

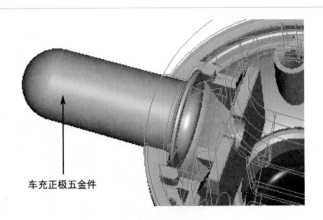

图 4-93　车充正极五金件

（2）车充正极五金件尺寸如图 4-94 所示。

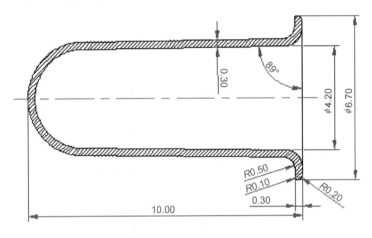

图 4-94　车充正极五金件尺寸

（单位为 mm）

（3）车充正极五金件通过车充上壳与车充下壳被夹在中间，间隙为 0.10mm，如图 4-95 所示。

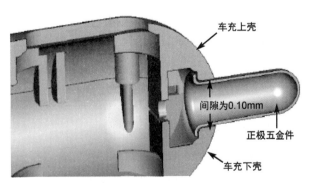

图 4-95　车充正极五金件的间隙

（4）车充正极五金件要朝内收缩，在五金件内部设计一个伸缩弹簧，此款多功能旅行充电器的弹簧材料为 301 不锈钢，线径为 0.40mm，弹簧外径为 4.00mm，节距为 1.50mm，长度为 12.00mm，如图 4-96 所示。

图 4-96　车充正极五金件内部弹簧

（5）在正极五金件弹簧中间再设计一个连接铜柱，铜柱表面电镀锡，铜柱与车充正极五金件通过弹簧紧密连接，铜柱尾部焊接引线到 PCB 上，如图 4-97 所示。

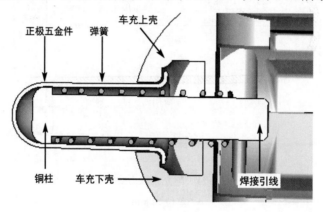

图 4-97　车充连接铜柱

如果不使用连接铜柱，车充五金件直接通过弹簧与 PCB 连接是否可以？对于小功率的车充来说，直接通过弹簧连接也可以，但对于大功率的车充来说，直接通过弹簧连接容易引起各种问题，如温度过高导致弹簧断裂、接触不稳定、电流声过大等，增加一个连接铜柱能很好地解决这些问题。

连接铜柱的主要作用如下：

① 铜柱能承受大电流。

② 铜柱耐高温，不会断裂。

③ 铜柱能解决弹簧直接连接接触不良的问题。

④ 铜柱电性能优良，接触良好，可以避免电弧的产生。

⑤ 增加铜柱，更方便组装。

（6）铜柱要随着弹簧收缩移动，铜柱与弹簧间隙为 0.15mm，将铜柱以过盈的方式安装在车充上壳孔中，车充上壳避开铜柱的孔与铜柱间隙为 0.15mm，如图 4-98 所示。

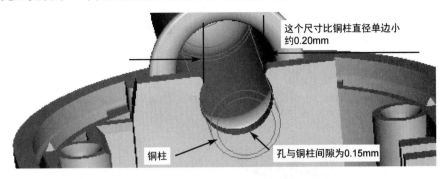

图 4-98　铜柱的固定

（7）车充负极五金件有两个，材料为不锈钢，采用适合做深冲的不锈钢材料压延 201 卷带，拉伸成型，材料厚度为 0.50mm，如图 4-99 所示。

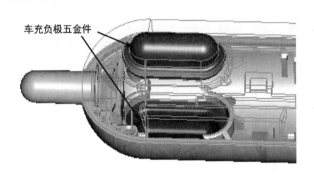

图 4-99　车充负极五金件

（8）车充负极五金件与车充外壳四周间隙为 0.20mm，给负极五金件设计裙边，裙边宽度约为 1.00mm，四周与车充外壳间隙为 0.20mm，车充外壳内边倒大斜角，如图 4-100 所示。

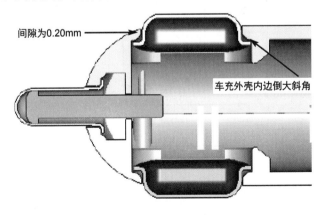

图 4-100　负极五金件与外壳间隙

（9）在两个负极五金件中间设计一个连接弹片，连接弹片材料采用 65Mn，调制及淬火处理，表面镀镍，弹片直接焊接到 PCB 上，如图 4-101 所示。

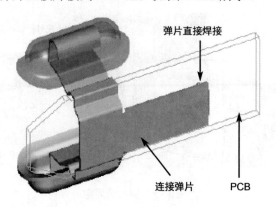

图 4-101　负极五金件连接弹片

 技巧提示

　　65 Mn 是高锰弹簧钢，具有较高的强度和硬度，弹性良好，经调制、表面淬火处理后，具有高弹性及高强度性能，适合制造受摩擦、要求高弹性、高强度的产品。高锰弹簧钢本身焊接性能不佳，表面需要电镀处理，增强其焊接性。

（10）负极连接弹片外形尺寸如图 4-102 所示。

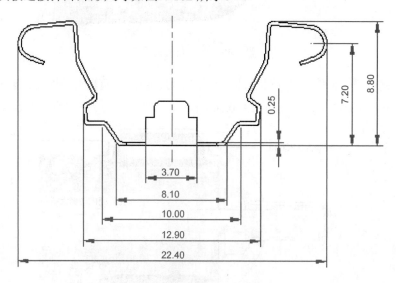

图 4-102　负极连接弹片外形尺寸

（单位为 mm）

（11）根据车充内部的空间设计车充 PCB 的外形尺寸，如图 4-103 所示。

图 4-103 车充 PCB

（12）车充 PCB 厚度为 1.00mm，限位在车充上壳内，四周间隙为 0.10mm，通过车充上壳与车充下壳将 PCB 夹紧，实现固定，如图 4-104 所示。

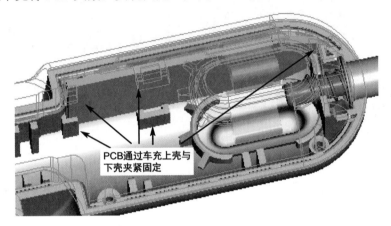

图 4-104 车充 PCB 固定

（13）车充外形尺寸及正极五金件、负极五金件主要外形尺寸如图 4-105 所示。

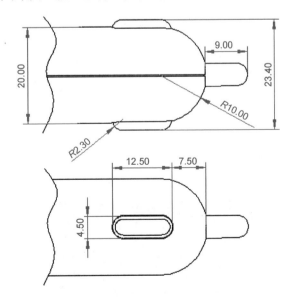

图 4-105 车充外形尺寸及正极五金件、负极五金件主要外形尺寸

（单位为 mm）

4.5.7 车充组件与主体部分结构设计要点讲解

（1）车充组件夹在主体上壳与主体下壳的中间，车充组件需要打开及旋转，在进行结构设计时首先要确定旋转轴的位置，旋转轴位于车充尾部圆弧的中心，距主体外壳边缘的横向距离和纵向距离都是 10.00mm，如图 4-106 所示。

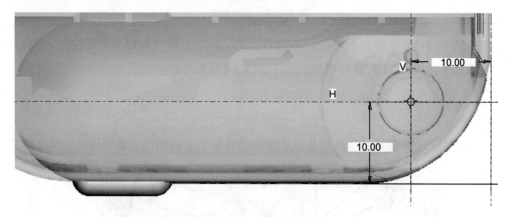

图 4-106　旋转轴的位置

（2）车充组件旋转轴需要穿线，一端焊接在车充 PCB 上，另一端焊接在主体 PCB 上，将旋转轴设计成中空型，如图 4-107 所示。

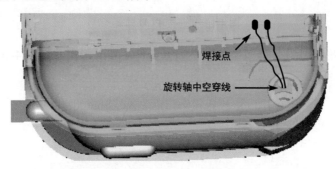

图 4-107　旋转轴中空穿线

（3）上壳挡板与下壳挡板切孔以避开车充组件旋转轴，间隙为 0.12mm，如图 4-108 所示。

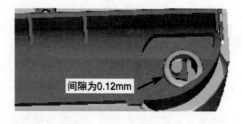

图 4-108　挡板切孔

（4）车充旋转轴尺寸不宜过小，以防旋转轴在旋转过程中裂开。旋转轴中空穿线的孔径为 5.50mm，旋转轴高度为 2.50mm，壁厚为 1.20mm，如图 4-109 所示。

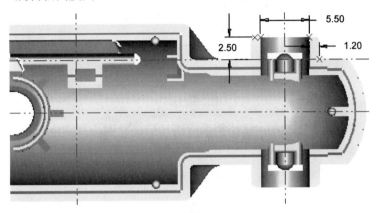

图 4-109　旋转轴尺寸

（单位为 mm）

（5）车充组件在旋转过程中，每旋转 20°可停顿，因此，在结构上需要设计止停位，每隔 20°设计 1 个。在车充上壳和车充下壳上设计弹性臂，在弹性臂上再设计圆球面，圆球面直径为 2.00mm，高度为 0.60mm，如图 4-110 所示。

图 4-110　弹性臂与圆球面

（6）在主体上壳挡板与主体下壳挡板上设计限位凹槽，限位凹槽与车充外壳的圆球面间隙为 0.03mm，每隔 20°设计一个限位凹槽，如图 4-111 所示。

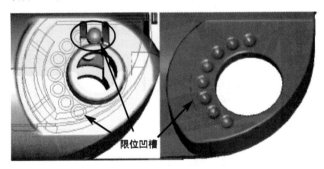

图 4-111　限位凹槽

（7）车充组件最大打开角度为 135°，如图 4-112 所示。

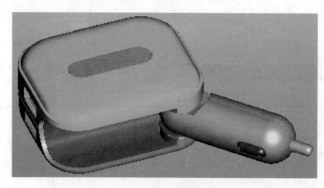

图 4-112　车充组件最大打开角度

4.5.8　欧规插头组件结构设计要点讲解

（1）欧规插头主要应用于德国、法国等欧洲国家，欧规插头的设计要符合欧规的标准。欧规插脚尺寸如图 4-113 所示。

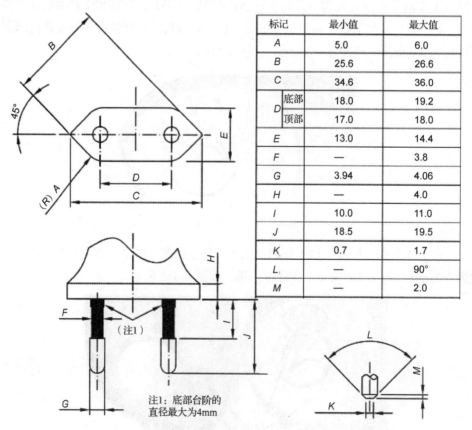

标记		最小值	最大值
A		5.0	6.0
B		25.6	26.6
C		34.6	36.0
D	底部	18.0	19.2
	顶部	17.0	18.0
E		13.0	14.4
F		—	3.8
G		3.94	4.06
H		—	4.0
I		10.0	11.0
J		18.5	19.5
K		0.7	1.7
L		—	90°
M		—	2.0

注1：底部台阶的直径最大为4mm

图 4-113　欧规插脚尺寸

（长度单位为 mm）

（2）欧规标准对整个插头的外形没有统一规定，此款多功能旅行充电器的欧规插头组件外形如图 4-114 所示。

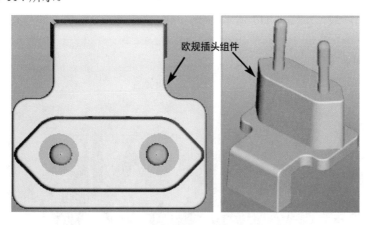

图 4-114 此款多功能旅行充电器的欧规插头组件外形

（3）欧规二相插脚与塑胶件通过模内嵌件注塑在一起，对欧规二相插脚做台阶，用塑料包住，这样接合更紧密，可以防止经常拔插造成松脱，如图 4-115 所示。

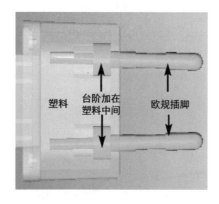

图 4-115 欧规二相插脚嵌件注塑

（4）欧规插头底壳外表面比欧规插头上壳表面低 0.05mm，欧规插头上壳做母止口，欧规插头底壳做公止口，四周间隙为 0.05mm，如图 4-116 所示。

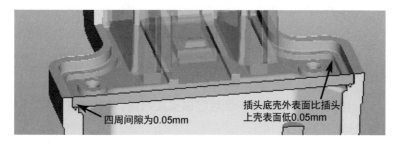

图 4-116 欧规插头外壳间隙

（5）欧规插头上壳与欧规插头底壳通过超声焊接的方式连接及固定，在欧规插头底壳上设计超声线，超声线宽为 0.40mm，高为 0.40mm。为防止焊接时溢胶，将超声线切断，设计成虚线式超声线，如图 4-117 所示。

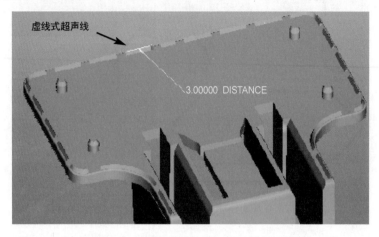

图 4-117　欧规插头底壳虚线式超声线

（6）除止口外，在欧规插头上壳与欧规插头底壳部位还要设计四个定位柱，定位柱起精确限位上壳及下壳的作用。定位柱直径为 1.20mm，定位柱与定位孔单边间隙初始设计值为 0.03mm，建议后续根据实际装配情况加胶调整到零配，如图 4-118 所示。

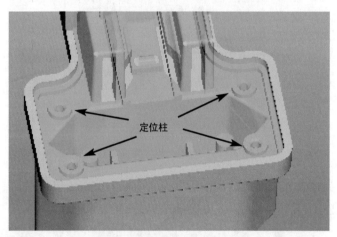

图 4-118 欧规插头外壳定位柱

4.5.9　英规插头组件结构设计要点讲解

（1）英规插头主要应用于英国、新加坡等国家或地区，英规插头的设计要符合英规的标准。英规插脚尺寸如图 4-119 所示。

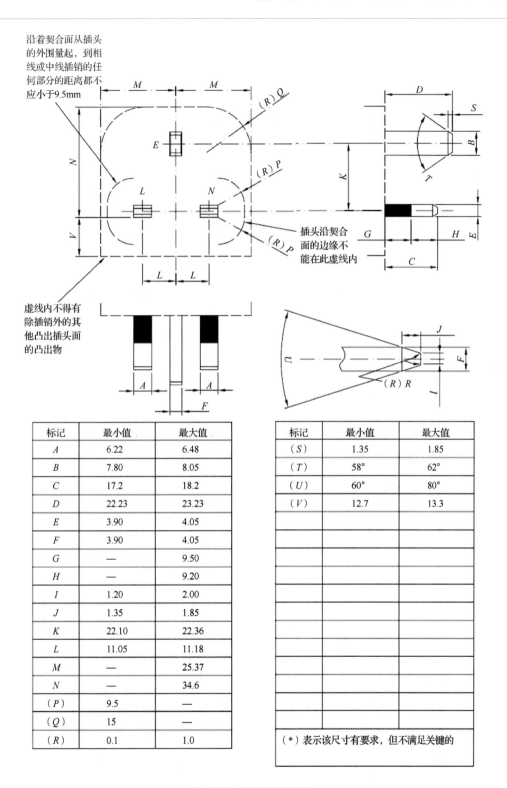

图 4-119 英规插脚尺寸

（长度单位为 mm）

标记	最小值	最大值
A	6.22	6.48
B	7.80	8.05
C	17.2	18.2
D	22.23	23.23
E	3.90	4.05
F	3.90	4.05
G	—	9.50
H	—	9.20
I	1.20	2.00
J	1.35	1.85
K	22.10	22.36
L	11.05	11.18
M	—	25.37
N	—	34.6
（P）	9.5	—
（Q）	15	—
（R）	0.1	1.0

标记	最小值	最大值
（S）	1.35	1.85
（T）	58°	62°
（U）	60°	80°
（V）	12.7	13.3
（＊）表示该尺寸有要求，但不满足关键的		

（2）英规标准对整个插头的外形没有统一规定，此款多功能旅行充电器的英规插头组件外形如图 4-120 所示。

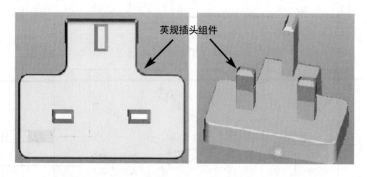

图 4-120　此款多功能旅行充电器的英规插头组件外形

（3）英规插脚与塑胶件通过模内嵌件注塑在一起，对英规插脚做台阶，用塑料包住，这样接合更紧密，可以防止经常拔插造成松脱，如图 4-121 所示。

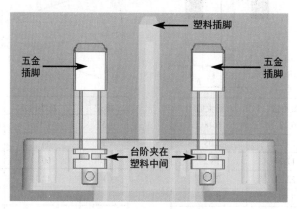

图 4-121　英规插脚嵌件注塑

（4）英规插头底壳外表面比英规插头上壳表面低 0.05mm，英规插头上壳做母止口，英规插头底壳做公止口，四周间隙为 0.05mm，如图 4-122 所示。

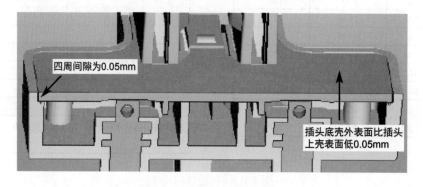

图 4-122　英规插头外壳间隙

（5）英规插头上壳与英规插头底壳通过超声焊接的方式连接及固定，在英规插头底壳上设计超声线，超声线宽为 0.40mm，高为 0.40mm。为防止焊接时溢胶，将超声线切断，设计成虚线式超声线，如图 4-123 所示。

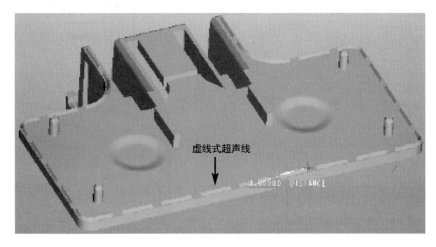

图 4-123　英规插头底壳虚线式超声线

（6）除止口外，在英规插头上壳与英规插头底壳部位还要设计四个定位柱，定位柱起精确限位上壳及下壳的作用。定位柱直径为 1.20mm，定位柱与定位孔单边间隙初始设计值为 0.03mm，建议后续根据实际装配情况加胶调整到零配，如图 4-124 所示。

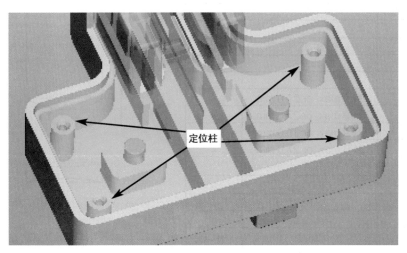

图 4-124　英规插头外壳定位柱

4.5.10　澳规插头组件结构设计要点讲解

（1）澳规插头主要应用于澳大利亚等国家或地区，澳规插头的设计要符合澳规的标准。澳规插脚尺寸如图 4-125 所示。

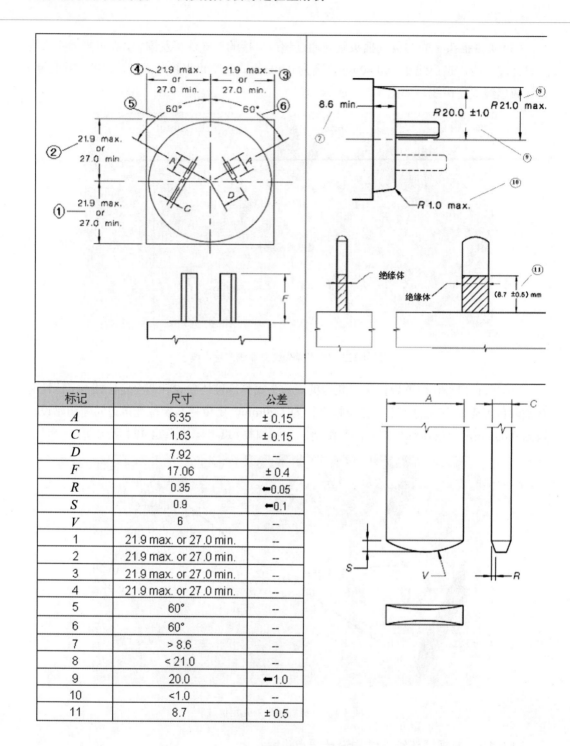

标记	尺寸	公差
A	6.35	±0.15
C	1.63	±0.15
D	7.92	--
F	17.06	±0.4
R	0.35	←0.05
S	0.9	←0.1
V	6	--
1	21.9 max. or 27.0 min.	--
2	21.9 max. or 27.0 min.	--
3	21.9 max. or 27.0 min.	--
4	21.9 max. or 27.0 min.	--
5	60°	--
6	60°	--
7	> 8.6	--
8	< 21.0	--
9	20.0	←1.0
10	<1.0	--
11	8.7	±0.5

图 4-125　澳规插脚尺寸

（长度单位为 mm）

（2）澳规标准对整个插头的外形没有统一规定，此款多功能旅行充电器的澳规插头组件外形如图 4-126 所示。

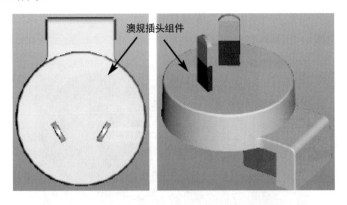

图 4-126 此款多功能旅行充电器的澳规插头组件外形

（3）澳规插脚与塑胶件通过模内嵌件注塑在一起，对澳规插脚做凹槽，用塑料包住，这样接合更紧密，可以防止经常拔插造成松脱，如图 4-127 所示。

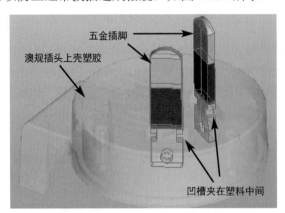

图 4-127 澳规插脚嵌件注塑

（4）澳规插头底壳外表面比澳规插头上壳表面低 0.05mm，澳规插头上壳做母止口，澳规插头底壳做公止口，四周间隙为 0.05mm，如图 4-128 所示。

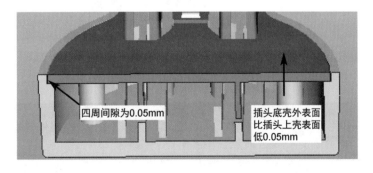

图 4-128 澳规插头外壳间隙

（5）澳规插头上壳与澳规插头底壳通过超声焊接的方式连接及固定，在澳规插头底壳上设计超声线，超声线宽为0.40mm，高为0.40mm。为防止焊接时溢胶，将超声线切断，设计成虚线式超声线，如图4-129所示。

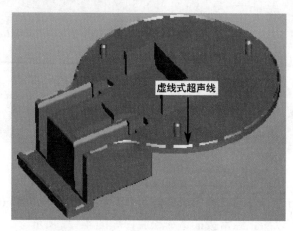

图4-129 澳规插头底壳虚线式超声线

（6）除了止口，在澳规插头上壳与澳规插头底壳部位还要设计三个定位柱，定位柱起精确限位上壳及下壳的作用。定位柱直径为1.20mm，定位柱与定位孔单边间隙初始设计值为0.03mm，建议后续根据实际装配情况加胶调整到零配，如图4-130所示。

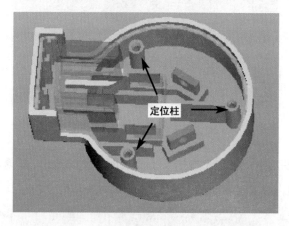

图4-130 澳规插头外壳定位柱

技巧提示

澳规插脚有一段是绝缘体，绝缘体一般是塑胶材料的，通过注塑包胶而成，如图4-131所示。在设计充电类产品时，欧规插脚、美规插脚、英规插脚、澳规插脚等标准五金插脚，市场上有专业供应商生产这种五金插脚的，尺寸也符合安规要求。

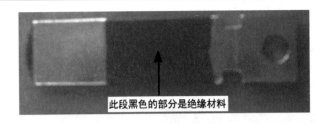

此段黑色的部分是绝缘材料

图 4-131　澳规插脚上的绝缘体

4.5.11　多国插头组件与电源插头组件之间的结构设计要点讲解

（1）多国插头组件要与充电器主体连接才能实现其功能，要求多国插头组件能互换，其连接方式不能完全固定。既要接触好，又不能完全固定，如何设计呢？在这款产品中，在二者之间设计了连接弹片，通过弹片预压的方式来实现，弹片装配在多国插头组件里，与充电器主体电源的美规插头预压接触，如图 4-132 所示。

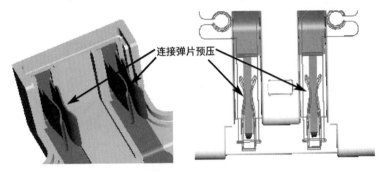

连接弹片预压

图 4-132　连接弹片

（2）连接弹片材料选用黄铜，材料厚度为 0.30mm，五金模具冲压、折弯成型，表面不需要处理，为材料本色。在弹片入口处的尺寸要设计大一些，方便美规插脚装进去，弹片与充电器主体上的美规插头预压约为 0.70mm，如图 4-133 所示。

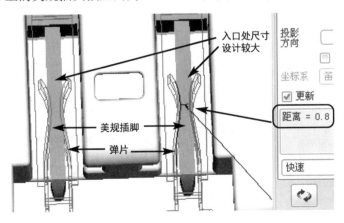

入口处尺寸
设计较大

投影
方向

坐标系

☑ 更新

距离 = 0.8

美规插脚

弹片

快速

图 4-133　连接弹片预压值

（3）连接弹片固定在多国插头上壳内，在插头上壳内四周限位，限位间隙为0.10mm，并通过多国插头底板压紧，如图4-134所示。

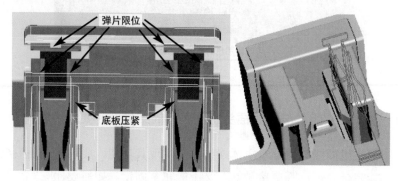

图4-134　连接弹片的固定

（4）英规插脚连接弹片的另一端与英规插脚通过过盈紧配的方式压紧，单边过盈量为0.05mm，并设计变形缺口，如图4-135所示。

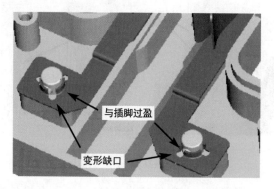

图4-135　英规插脚连接弹片与插脚连接

（5）欧规插脚与欧规插头上壳的上端面不是垂直的，带有一点角度，欧规插脚连接弹片的另一端与欧规插头的插脚通过零配的方式压紧，并设计一个变形缺口，如图4-136所示。

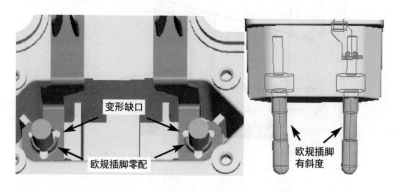

图4-136　欧规插脚连接弹片与插脚连接

（6）澳规插脚连接弹片的另一端与澳规插头的插脚通过过盈紧配的方式压紧，单边过盈量为 0.05mm，并设计变形缺口，如图 4-137 所示。

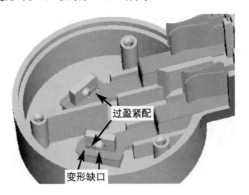

图 4-137　澳规插脚连接弹片与插脚连接

（7）为防止多国插头组件在拔插过程中拉脱，在多国插头组件的插头底壳上设计长公扣位，与充电器主体下壳的母扣位相配合，扣合量为 1.00mm，如图 4-138 所示。

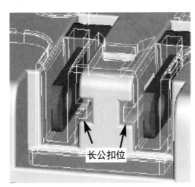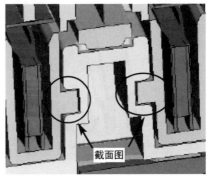

图 4-138　长公扣位连接

（8）多国插头组件的插头底壳公扣厚为 2.00mm，为防止经常拔插造成断裂，在入口处设计大斜角，有利于装配，如图 4-139 所示。

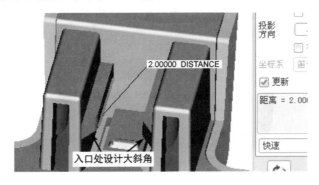

图 4-139　插头底壳公扣尺寸

（9）在充电器主体下壳上设计止位凹槽，在多国插头组件中的插头底壳上设计止位凸台，为防止多国插头组件回退，止位凹槽与止位凸台过盈 0.60mm，如图 4-140 所示。

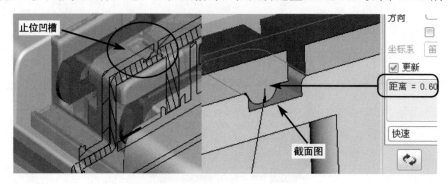

图 4-140　止位凹槽与止位凸台

（10）多国插头组件中的插头底壳上的止位凸台由于装配时过盈 0.60mm，需要将周边三面切孔，留出变形量，如图 4-141 所示。

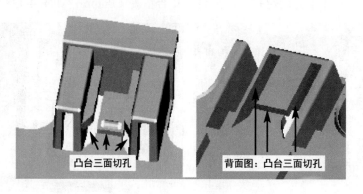

图 4-141　止位凸台三面切孔

（11）将多国插头组件装配到充电器主体上，如图 4-142 所示。

图 4-142　多国插头组件装配图

4.6　产品结构设计总结

4.6.1　检查功能需求

现在统一检查这款多功能旅行充电器与结构相关的功能需求是否设计完成：

（1）具有车充功能，车充能打开 135°角，且能收纳。

检查结果：已设计完成，车充组件可以打开 135°角。

（2）插头能互换，兼容欧规、英规、澳规插头。

检查结果：已设计完成，插头可以互换。

（3）三个 USB 接口输出。

检查结果：已设计完成。

（4）输出接口采用美规插头，要求能打开 90°角，且能收纳。

检查结果：已设计完成。

（5）充电器主体外观颜色主要做全黑高光、全白高光两种配色。

检查结果：已设计完成，主体外观颜色采用后处理喷油实现。

（6）车充外观颜色主要做全黑高光、全白高光两种配色。

检查结果：已设计完成，主体外观颜色采用后处理喷油实现。

（7）所有插头外观均为细磨砂效果。

检查结果：已设计完成，通过模具晒细纹实现。

（8）在产品正面设计 5 条发光带，发光均匀，兼具指示灯功能。

检查结果：已设计完成，有聚光及导光结构。

（9）进行产品设计时要考虑防止小孩拆卸引发安全事故。

检查结果：已设计完成，壳体固定采用超声焊接，可以防拆卸。

（10）产品外形美观，定位为中高档。

检查结果：已设计完成，采用精密模具，外壳采用喷油与高光 UV 油漆。

4.6.2　易出的问题点总结及解决方案

已讲解完这款多功能旅行充电器从 ID 效果图分析到结构重点这部分内容，还有一些容易出问题的地方，在进行结构设计时要重点注意。

（1）车充上壳与车充下壳容易产生段差，造成刮手，如图 4-143 所示。

原因分析：

① 上壳与下壳的接合面是一个圆形，这种以圆形分开的外壳很容易产生段差。

② 结构设计不合理造成段差。

③ 模具设计不合理及模具制造误差造成段差。

④ 注塑时胶件尺寸不稳定造成段差。

解决方案：

① 上壳及下壳是一个圆形，这是由 ID 外形与结构需要决定的，本身不能改变，可以在表面喷涂油漆，减少刮手的可能性。

② 在进行结构设计时，产品材料厚度、止口及定位柱的间隙设计要合理，塑胶强度要够大，避免产品变形。

③ 在产品接合面设计美工线。

④ 在进行模具设计时产品的穴数不要过多，太多的穴数互配会使产生段差的可能性增大。模具加工要采用高精度的设备，以减少模具制造的误差。

⑤ 注塑时调整参数，达到要求后锁定参数。

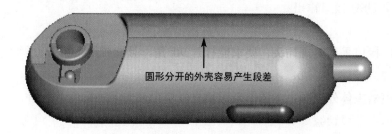

图 4-143　接合面处容易产生段差

（2）车充组件在旋转过程中无手感，不能停顿，如图 4-144 所示。

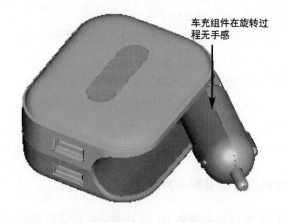

图 4-144　车充组件

原因分析：

① 充电器上的限位凹槽与车充上的凸台配合尺寸不够。

② 充电器主体与车充外壳间隙过大，造成限位凹槽与凸台配合尺寸不够。

③ 对主体外壳进行超声焊接时力度过大、预压，造成车充旋转时空间太紧凑。

解决方案：

① 在进行结构设计时，限位凹槽与凸台都要预留后续加胶的空间。

② 在进行结构设计时，充电器主体与车充外壳间隙设置要合理，配合太松时可以通过后续加胶改模调整，如图 4-145 所示。

③ 调整超声焊接的参数，防止过压、欠压。

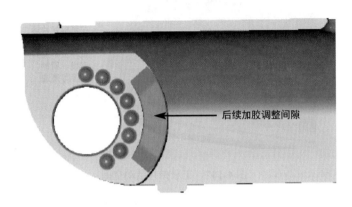

图 4-145　后续加胶调整间隙

（3）车充正极弹片回弹卡顿，不顺畅，如图 4-146 所示。

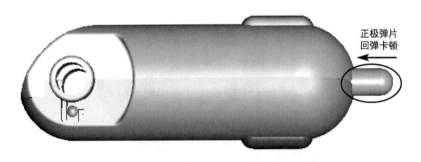

图 4-146　正极弹片回弹卡顿

原因分析：

① 间隙过大，正极弹片摆动过大造成运动不顺畅。

② 间隙过小，造成正极弹片卡死。

③ 弹簧力度太强。

④ 弹簧力度太弱。

⑤ 塑胶件上有阻碍。

解决方案：

① 在进行结构设计时，间隙设置要合理，完成实物后，再根据装配情况实配改模。

② 可以通过改变线径、调整节距等方式改变弹簧的弹力。

③ 在正极弹片活动的空间，塑胶件上不允许有顶针、披锋、夹线等痕迹。在进行模具设计时，要提前与模具设计人员沟通好，以免模具制造完成后才发现正极弹片活动不顺畅，此时再改模会很困难，尤其顶针位，就算修改了，原位置也可能有痕迹。正极弹片活动空间如图 4-147 所示。

在正极弹片活动的空间，塑胶件上不要有夹线、顶针、披锋等痕迹

图 4-147　正极弹片活动空间

（4）充电器主体电源插头弹力差，在打开及回弹时力度不够，弹片使用寿命不够，如图 4-148 所示。

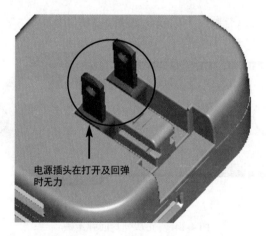

电源插头在打开及回弹时无力

图 4-148　主体电源插头打开及回弹无力

原因分析：

① 弹片硬度不够，造成弹片变形。

② 弹片强度及韧性不够，造成弹片断裂。

③ 弹片预压值过小。

④ 电源插头与主体下壳间隙不够，使插头在打开及回弹时卡顿。

⑤ 主体电源插头打开及回弹次数不少于 1500 次。

解决方案：

① 弹片硬度很关键，硬度太大或太小都不合适，如果在设计时不能确定硬度，建议

做功能手板测试。

② 弹片强度及韧性要足够，否则容易断裂。弹片的材料选用不锈钢，不锈钢韧性好、不易断裂，且不会生锈，生锈会造成弹片接触不良。

③ 设计合理的弹片预压值。

④ 对电源插头与主体下壳设计合理的间隙。

⑤ 主体电源插头打开及回弹次数不少于 1500 次，这个数值不是一定的，要根据产品定位的具体要求。一般来说，如果使用者每天使用一次充电器，那么该充电器至少可以使用四年。

（5）多国插头组件与主体电源插头接触可能出现过松、过紧、接触不良、容易推出及很难推出等问题，如图 4-149 所示。

图 4-149　多国插头组件与主体电源插头的接触问题

原因分析：

① 弹片预压不够，造成接触不良。

② 过松与过紧主要是由于多国插头组件与主体下壳的间隙过大或者过小。

③ 容易推出及很难推出的主要原因是多国插头组件上的凸台与主体下壳的凹槽配合太松或者太紧。

解决方案：

① 在进行结构设计时留出合理的预压值，如果不能确定预压值，建议做功能手板测试。

② 在进行结构设计时留出合理的间隙，如果不能确定间隙留多少，建议先稍留大一点，再做功能手板测试。

③ 在进行结构设计时，限位凹槽与凸台都要预留后续加胶的空间。

（6）超声焊接太紧、太松、超声焊接震动造成 PCB 上元器件脱落等，如图 4-150 所示。

原因分析：

① 超声焊接的模具制作不合理。

② 超声焊接的参数调整不合理。

③ 超声机不合适。

④ PCB 固定不牢固，超声焊接时摆动，造成元器件脱落。

⑤ PCB 上有部分元器件焊接不牢固。

解决方案：

① 重新制作超声焊接的模具，多测试几次。

② 重新调整超声焊接的参数，多测试几次。

③ 更换超声设备。

④ 如果结构空间允许，对超声焊接的产品内部 PCB 采用螺钉固定。

⑤ PCB 上的所有元器件要焊接牢固，对于个别容易脱落的元器件，采用打胶加固处理。

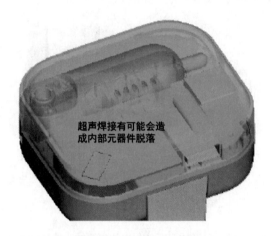

图 4-150　超声焊接问题

4.6.3　知识点总结

这款多功能旅行充电器涉及的结构知识点主要有以下几点：

（1）充电器产品的特点及相关结构设计。

（2）车充产品的特点及相关结构设计。

（3）欧规插脚相关知识点。

（4）英规插脚相关知识点。

（5）澳规插脚相关知识点。

（6）双止口结构设计知识点。

（7）超声焊接相关的结构知识点，如超声线的设计、超声产品外壳的设计、超声增加扣位设计等。

（8）止口与超声线的关系。

（9）产品旋转的结构知识点，如止位凸台及凹槽设计等。

（10）连接弹片的结构知识点，如材料的选用、固定方式等。

（11）发光条均匀发光的相关结构设计。

（12）互换电源插头的相关结构设计。

技巧提示

> 　　已讲解完这款多功能旅行充电器的结构设计要点，读者在学习这一章内容时，要学会融会贯通，举一反三。学习的目的不仅仅是让大家学会设计类似的多功能旅行充电器，更重要的是学会较复杂产品的设计思路、设计理念。结构设计是相通的，不管什么行业、什么产品，设计方法及设计思路大同小异。

多功能数据线结构设计全解析

本章导读：

◇ 产品概述及 ID 效果图分析详解　　　◇ 产品拆件分析详解

◇ 结构及模具初步分析详解　　　　　　◇ 建模要点及间隙讲解

◇ 结构设计要点详解　　　　　　　　　◇ 产品结构设计总结

5.1　产品概述及 ID 效果图分析详解

5.1.1　产品概述

这是一款多功能数据线，具有数据传输及充电功能。此数据线带有苹果高速多功能 lightning 接口插头与 Micro-USB 接口插头，可以给有 lightning 接口、Micro-USB 接口的电子设备充电，如苹果手机、苹果移动电源及周边设备、普通移动电源、Micro-USB 接口的手机、其他 Micro-USB 接口的电子产品等，适用于拥有较多电子产品的使用者，一条线可以给多个电子产品进行充电、数据传输等。

lightning 接口是苹果公司发布的高速多功能接口，具有尺寸小、不分正反面、传输速度快、支持双向充电等功能，主要应用于苹果公司的产品及周边设备，如苹果手机、苹果移动电源、苹果耳机、苹果平板电脑等。

这款多功能数据线是根据市场需求，全新设计、全新研发的。

产品主要具有以下特点：

（1）具有 lightning 接口插头和 Micro-USB 接口插头二合一功能。

（2）具有数据传输与充电功能。

（3）插头可以收纳，长度适中，方便携带。

（4）插头为一体式设计，具有防丢功能。

（5）颜色多样，手感舒适，时尚美观。

这款多功能数据线总长为 300mm，插头部分收纳后尺寸为 73.80mm×18.60mm×11.60mm（长×宽×厚）。

技巧提示

> 此款多功能数据线功能多，涉及的结构知识点很多，对结构设计而言，这是一款很有挑战性的产品。读者可以根据 ID 效果图，先自己思考整个产品的结构设计思路，再看书，这样会收获更多。

这款多功能数据线原始设计资料如下。

（1）ID 效果图及 ID 线框。

图 5-1 所示为多功能数据线的 ID 收纳效果图，图 5-2 所示为多功能数据线的 ID 打开效果图。多功能数据线分为线材、Type-A 插头组件、lightning 插头组件、Micro-USB 插头组件、大外壳五部分，线材外观颜色是紫色，插头外壳为白色高光，插头装饰件为紫色高光，产品外观还有好几种配色，如白红、白绿、白橙、白灰等。

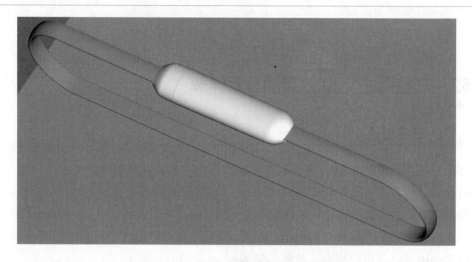

图 5-1　多功能数据线的 ID 收纳效果图

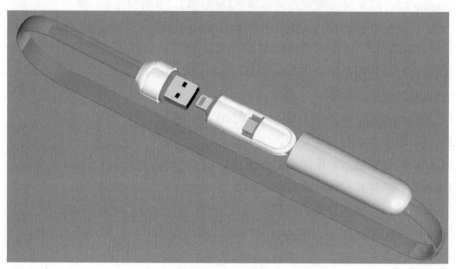

图 5-2　多功能数据线的 ID 打开效果图

（2）产品的功能需求。

产品的功能需求包括结构功能需求、电子功能需求、包装功能需求，这里只分析与结构相关的功能需求。

这款多功能数据线与结构相关的功能需求如下：

① lightning 接口，要有数据传输及充电功能。

② Micro-USB 接口，要有数据传输及充电功能。

③ Type-A 接口，要有数据传输及充电功能。

④ 插头为一体式设计。

⑤ 插头部分要能收纳。

⑥ 线材颜色与插头装饰件颜色一致。

⑦ 外观颜色主要做白色高光。

⑧ 线材手感舒适，光滑美观。

⑨ 线材韧性好，不容易折断。

⑩ 产品外形美观，定位为中高档。

（3）其他辅助类资料。

其他辅助类资料包括电子元器件规格书等。图 5-3 所示为 lightning 接口连接器的尺寸图。

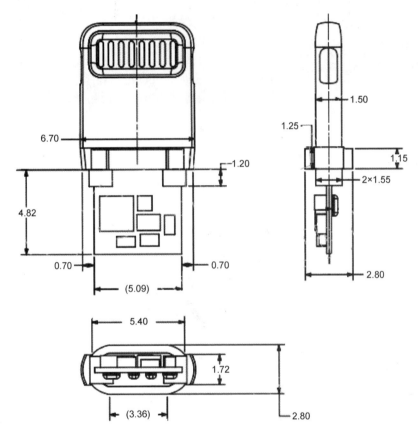

图 5-3　lightning 接口连接器的尺寸图

（单位为 mm）

5.1.2　ID 效果图分析详解

有了原始设计资料后，要对 ID 效果图进行分析，在分析 ID 效果图时要结合产品的功能。一般从以下几个方面来分析。

（1）通过 ID 效果图了解产品的基本构成。

通过分析这款多功能数据线 ID 效果图可知，该产品主要由线材、Type-A 插头组件、lightning 插头组件、Micro-USB 插头组件、大外壳构成，如图 5-4 所示。

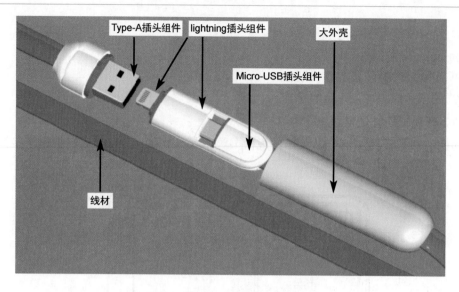

图 5-4 多功能数据线的基本构成

（2）结合功能进一步分析各部分的构成。

① 从 ID 效果图分析得出，Type-A 插头组件包含 Type-A 公头接口、外壳、装饰件三个零件，如图 5-5 所示。

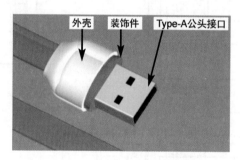

图 5-5 Type-A 插头组件构成

② lightning 插头组件包含 lightning 公头接口、外壳、装饰件三个零件，如图 5-6 所示。

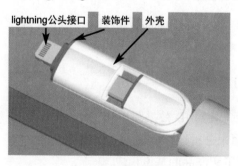

图 5-6 lightning 插头组件构成

③ Micro-USB 插头组件包含 Micro-USB 公头接口、外壳、装饰件三个零件，如图 5-7 所示。

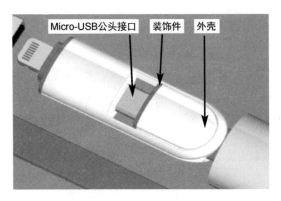

图 5-7 Micro-USB 插头组件构成

④ 大外壳只有一个零件，如图 5-8 所示。

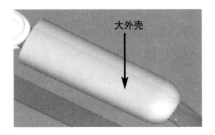

图 5-8 大外壳构成

（3）多功能数据线的大外壳朝前移动，与 Micro-USB 外壳连接闭合，完成所有插头部分的收纳，如图 5-9 所示。

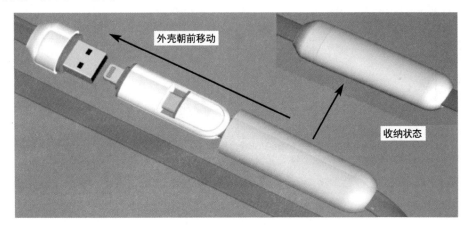

图 5-9 外壳收纳图

（4）线材一端连接 Type-A 插头组件，另一端连接 Micro-USB 插头组件，如图 5-10 所示。

（5）Micro-USB 插头组件与 lightning 插头组件通过转接头实现连接，如图 5-11 所示。

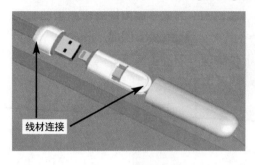

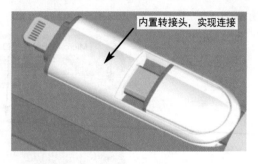

图 5-10　线材连接

图 5-11　Micro-USB 插头组件与 lightning
插头组件的连接

5.2　产品拆件分析详解

由上一节的 ID 效果图分析可知，这款多功能数据线需要拆的零件有 Type-A 接口外壳、Type-A 接口装饰件、lightning 接口外壳、lightning 接口装饰件、Micro-USB 接口外壳、Micro-USB 接口装饰件、线材、大外壳，如图 5-12 所示。

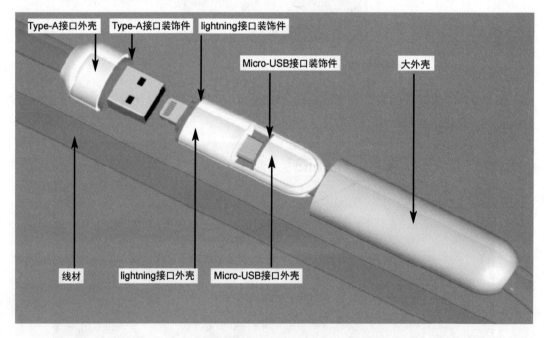

图 5-12　需要拆的零件

5.3　结构及模具初步分析详解

拆件分析完成后，要进一步分析结构设计与模具制作的可行性。

5.3.1　材料及表面处理分析

产品零件的材料及表面处理的方式很多，不同的产品选择的零件材料及表面处理方式也有差异，前面 3.3 节详细介绍了如何选择零件的材料及表面处理方式，根据前面章节介绍的方法，这款多功能数据线材料及表面处理方式选择如下：

（1）外壳的材料及表面处理方式选择。

Type-A 接口外壳、lightning 接口外壳、Micro-USB 接口外壳、大外壳都是塑料件，材料选用塑胶纯 PC 料，防火等级为 UL94-V2，成型方式为注塑，外表面为素材白色高光，如图 5-13 所示。

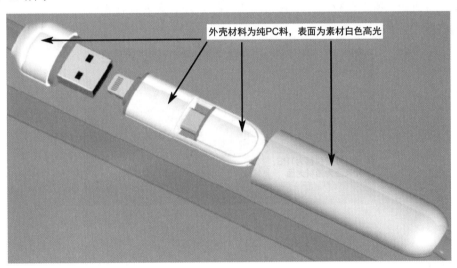

外壳材料为纯PC料，表面为素材白色高光

图 5-13　外壳的材料及表面处理

技巧提示

　　数据线外壳由于外形尺寸小，料厚较薄，需要承受一定的压力，强度要足够大，材料要选用强度好、韧性好的塑胶，建议选用纯 PC 料，如 PC-110 料等。

（2）装饰件的材料及表面处理方式选择。

Type-A 接口装饰件、lightning 接口装饰件、Micro-USB 接口装饰件选用塑胶材料

PC+ABS，防火等级为 UL94-V2，成型方式为注塑，外表面为素材高光，通过在塑胶料中添加色粉调整颜色，如图 5-14 所示。

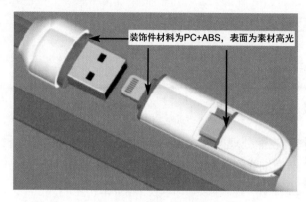

装饰件材料为PC+ABS，表面为素材高光

图 5-14　装饰件的材料及表面处理

（3）线材的材料及表面处理方式选择。

线材由外皮及内部芯线组成，由于要求线材外观摸起来手感舒适，光滑美观，且韧性好，不容易折断，所以线材的外皮材料选用 TPE，外表面为素材光面，通过在胶料中添加色粉调整颜色，如图 5-15 所示。

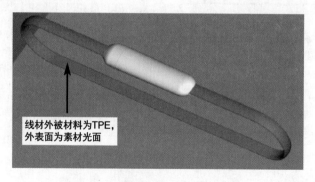

线材外被材料为TPE，
外表面为素材光面

图 5-15　线材的材料及表面处理

技巧提示

　　线材的外皮材料有 TPE、PVC、PE、PP 等，PVC 比较常用，TPE 一般用于高端线材。TPE 是热塑性弹性体，又称人造橡胶或合成橡胶，具有高弹性、耐老化、韧性强、耐油性等优异性能，同时具备普通塑料加工方便、加工方式广等特点，可采用注塑、挤出、吹塑等加工方式生产。用 TPE 材料制造的产品环保、无毒、手感舒适、外观精美。

5.3.2　各零件之间的固定及装配分析

多功能数据线属于日常使用频率比较高的产品，使用过程中容易卷曲、跌落、拉扯产品，在进行结构设计时要考虑防折、防松脱、防拆。实现防拆的结构有很多种，如采用死扣固定、胶水固定、超声焊接固定等，此款多功能数据线主要采用胶水固定、辅助卡扣固定的方式。

这款多功能数据线各部分分析如下。

（1）Type-A 插头组件中的 Type-A 接口外壳与 Type-A 接口装饰件，采用胶水和卡扣结合的方式固定，如图 5-16 所示。

（2）lightning 插头组件中的 lightning 接口外壳与 lightning 接口装饰件采用胶水和卡扣结合的方式固定，如图 5-17 所示。

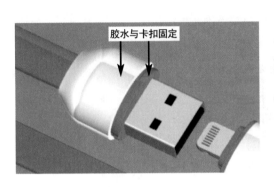

图 5-16　Type-A 接口外壳与 Type-A 接口装饰件　　图 5-17　lightning 接口外壳与 lightning 接口装饰
　　　　　的固定方式　　　　　　　　　　　　　　　　件的固定方式

（3）Micro-USB 插头组件中的 Micro-USB 接口外壳与 Micro-USB 接口装饰件采用胶水和卡扣结合的方式固定，如图 5-18 所示。

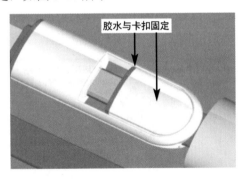

图 5-18　Micro-USB 接口外壳与 Micro-USB 接口装饰件的固定方式

（4）大外壳由于要经常拆开及闭合，采用卡点的方式固定在 Type-A 接口装饰件上，如图 5-19 所示。

（5）线材穿过 lightning 接口外壳与 Micro-USB 插头组件连接，Micro-USB 插头组件在 lightning 接口外壳内是可以活动的，也能斜着抽出来拉长使用。虽然 Micro-USB 插头组件抽出来脱离了 lightning 接口外壳，但 lightning 插头组件始终在线材上，不会单独脱落，具体运动方式如图 5-20 所示。

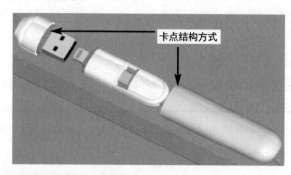

图 5-19　大外壳与 Type-A 接口装饰件的固定方式

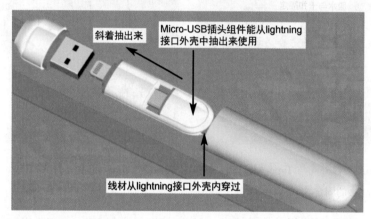

图 5-20　Micro-USB 插头组件的运动方式

（6）大外壳朝前运动闭合时，lightning 接口插入 Type-A 接口内部空隙内，Micro-USB 接口插入 lightning 插头组件内的转接头内，实现线材闭合，如图 5-21 所示。

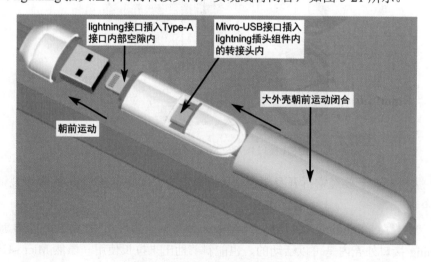

图 5-21　大外壳闭合的运动方式

（7）线材一端通过焊接的方式连接 Type-A 插头组件，另一端也通过焊接的方式连接 Micro-USB 插头组件，如图 5-22 所示。

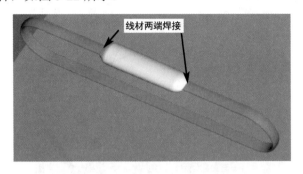

图 5-22　线材的连接方式

5.3.3　模具初步分析

模具初步分析主要分析产品各个零件的成型方法及模具设计的分模示意图，要清楚模具分型面位于零件的什么位置。

这款多功能数据线各部分分析如下。

（1）大外壳是塑料件，通过塑胶模具注塑成型。模具分型面位于前端面，外表面为前模方向，内表面为后模方向，如图 5-23 所示。

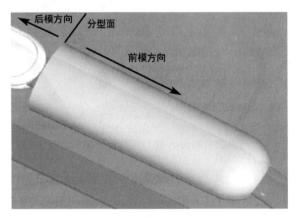

图 5-23　大外壳分模示意图

技巧提示

大外壳的高度与长宽相比，属于比较高的产品，这种外形的零件，分型方式有两种，一种方式是前端面为分模面，但必须要有拔模角度，拔模角度会造成零件外形上大下小，对外观有影响；另外一种是从中间分模，两侧大行位出模，不需要有拔模角度，但在外观面上会形成夹线，对外观也有影响。

（2）Type-A 接口外壳是塑料件，通过塑胶模具注塑成型。模具分型面位于前端面，外表面为前模方向，内表面为后模方向，如图 5-24 所示。

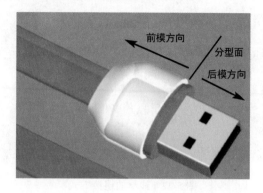

图 5-24　Type-A 接口外壳分模示意图

（3）Type-A 接口装饰件是塑料件，通过塑胶模具注塑成型。模具分型面位于前端面靠下那个面，外表面为前模方向，内表面为后模方向，如图 5-25 所示。

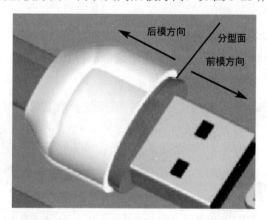

图 5-25　Type-A 接口装饰件分模示意图

（4）lightning 接口装饰件是塑料件，通过塑胶模具注塑成型。模具分型面位于前端面靠下那个面，外表面为前模方向，内表面为后模方向，如图 5-26 所示。

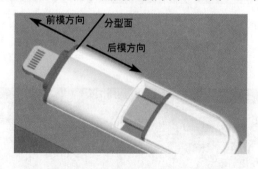

图 5-26　lightning 接口装饰件分模示意图

（5）lightning 接口外壳是塑料件，通过塑胶模具注塑成型。模具分型面位于前端面，外表面为前模方向，内表面为后模方向，两侧通过大行位出模，在零件的中间位置各有一条行位夹线，如图 5-27 所示。

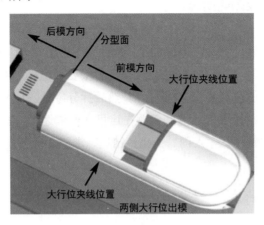

图 5-27　lightning 接口外壳分模示意图

（6）Micro-USB 接口装饰件是塑料件，通过塑胶模具注塑成型。模具分型面位于前端面靠下那个面，外表面为前模方向，内表面为后模方向，如图 5-28 所示。

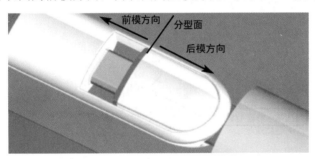

图 5-28　Micro-USB 接口装饰件分模示意图

（7）Micro-USB 接口外壳是塑料件，通过塑胶模具注塑成型。模具分型面位于前端面，外表面为前模方向，内表面为后模方向，如图 5-29 所示。

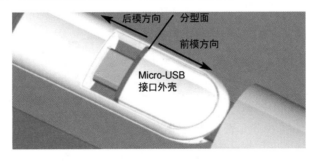

图 5-29　Micro-USB 接口外壳分模示意图

5.4 建模要点及间隙讲解

结构设计常用的软件是 Pro/ENGINEER，软件版本不重要，因为本书不做具体的软件操作讲解。本节主要讲解这款产品建模的要点，读者主要学习产品结构设计的思路及技巧。

建模采用自顶向下的设计理念，先做骨架，然后拆分零件。什么是自顶向下设计理念？做骨架与拆件有什么原则及要求？这些问题在这里就不讲述了，有需要的读者朋友可以参考《产品结构设计实例教程——入门、提高、精通、求职》一书，此书第二部分有详细的讲解。

5.4.1 骨架要点讲解

这款多功能数据线的产品外形没有复杂的曲面，骨架相对简单。

（1）首先将原始 ID 模型图导入 3D 软件中，这款多功能数据线的 ID 模型图是 ID 设计师用 Rhino 软件创建的 3D 模型，导入结构设计软件中只能作为参考，不能直接使用。图 5-30 所示为导入 3D 软件中的 ID 模型图。

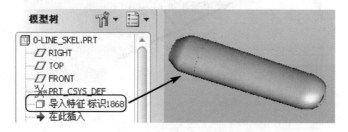

图 5-30　导入 3D 软件中的 ID 模型图

（2）导入线条后，下一步是草绘两条曲线，用于控制整个产品的长、宽、高，如图 5-31 所示。

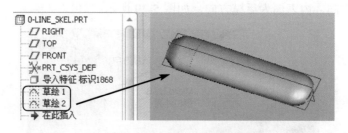

图 5-31　控制产品尺寸的线条

（3）完成 Type-A 接口外壳曲面，由于外观面是高光亮面，外表面拔模 1°～1.5°，对此款多功能数据线拔模 1°，如图 5-32 所示。

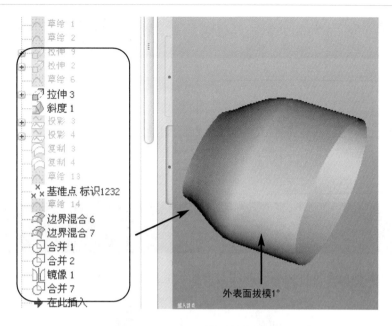

图 5-32 Type-A 接口外壳曲面

（4）完成大外壳曲面，外表面拔模 0.5°，如图 5-33 所示。

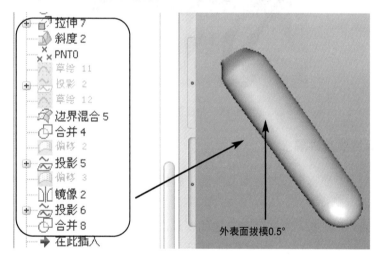

图 5-33 大外壳曲面

🗒️ **技巧提示**

　　为什么 Type-A 外壳拔模 1°，而大外壳只拔模 0.5°呢？这个问题在前面章节已经解答过，在这里再解释一下。因为 Type-A 外壳高度尺寸小，拔模角度大一点，而大外壳高度尺寸大，所以拔模角度小一点。此款多功能数据线表面是模具抛高光的，大外壳虽然只拔模 0.5°，但拔模前后二者高度差的投影值达到了 0.45mm，满足了模具出模的要求，如图 5-34 所示。如果拔模角度大，会严重影响产品外形的美观度。

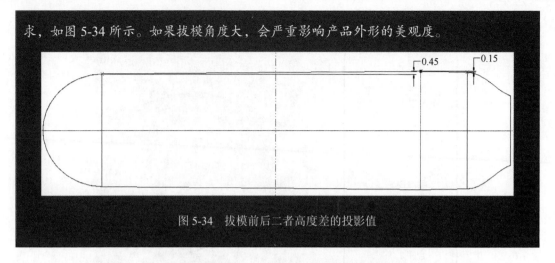

图 5-34　拔模前后二者高度差的投影值

（5）完成其他所有拆件需要的曲线与曲面，完成的骨架模型如图 5-35 所示。

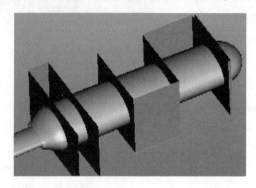

图 5-35　完成的骨架模型

5.4.2　拆件要点讲解

骨架完成后，需要拆分零件，本节主要讲解拆件的要点及各主要零件的料厚，对具体的软件操作不做讲解。

（1）大外壳外形细长，对强度有一定的要求，还要能抗摔，材料选用强度好又耐摔的纯 PC 料，料厚做到 1.10mm，如图 5-36 所示。

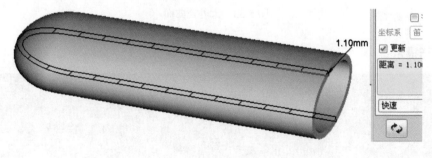

图 5-36　大外壳料厚

（2）由于结构设计的需要，Type-A 接口外壳料厚做到 1.30mm，如图 5-37 所示。

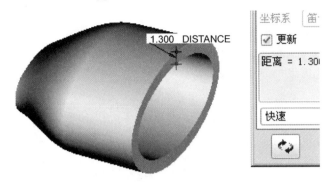

图 5-37　Type-A 接口外壳料厚

（3）lightning 接口外壳料厚做到 1.00mm，两侧薄边不小于 1.30mm，防止断裂，如图 5-38 所示。

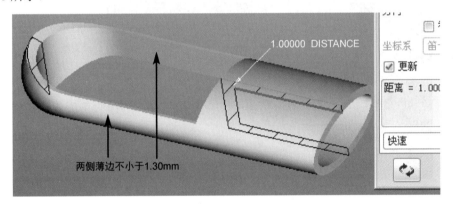

图 5-38　lightning 接口外壳料厚

（4）Micro-USB 接口外壳料厚做到 1.00mm，如图 5-39 所示。

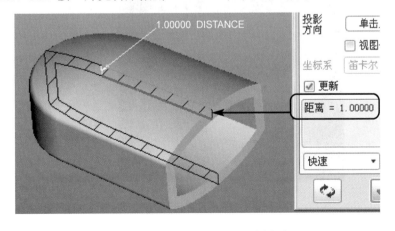

图 5-39　Micro-USB 接口外壳料厚

（5）Micro-USB 接口装饰件料厚做到 1.00mm，如图 5-40 所示。

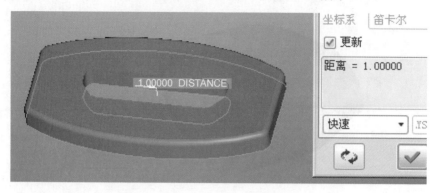

图 5-40 Micro-USB 接口装饰件料厚

（6）lightning 接口装饰件料厚做到 1.00mm，如图 5-41 所示。

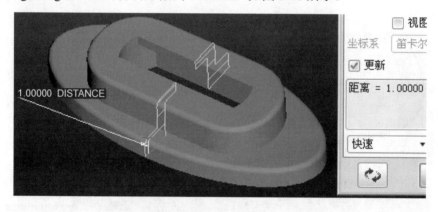

图 5-41 lightning 接口装饰件料厚

（7）由于结构设计的需要，Type-A 接口装饰件料厚做到 2.00mm，如图 5-42 所示。

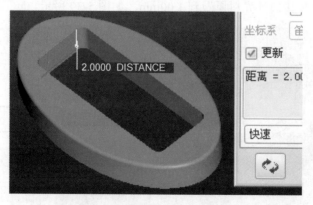

图 5-42 Type-A 接口装饰件料厚

（8）完成的建模图如图 5-43 所示。

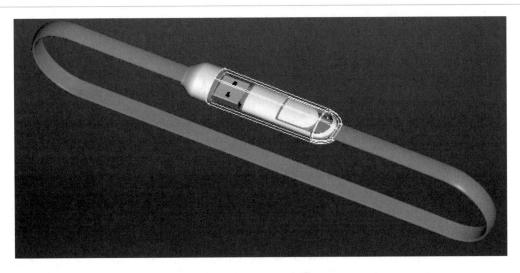

图 5-43　完成的建模图

5.4.3　零件之间的间隙讲解

建模拆件时，设置零件的间隙很重要，不合理的间隙会造成零件装配过紧、过松、段差、内缩等缺陷。

本节虽然讲解的内容是这款多功能数据线的间隙设计，但对大部分线材类产品也适用。

（1）Type-A 接口外壳与大外壳的间隙设计要考虑以下因素：

① 只有一个主要的接合面（分型面）。

② 采用卡扣连接，需要拆卸。

③ 都是主要外观面。

④ 外形都有拔模角度。

结合以上几点，充电器主体上壳与主体下壳间隙设计为 0.00mm，如图 5-44 所示。

间隙为0.00mm

图 5-44　Type-A 接口外壳与大外壳的间隙

（2）此款多功能数据线所有的装饰件与外壳在接合面处的间隙都设计为 0.00mm，如图 5-45 所示。

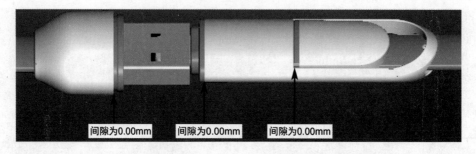

图 5-45 装饰件与外壳的间隙

（3）Micro-USB 接口组件与 lightning 接口外壳间隙设计要考虑以下因素：

① 表面都无须处理，都是素材。

② Micro-USB 接口组件要在 lightning 接口外壳内活动。

③ 间隙过大会造成产品总长度加大。

④ 间隙过小会导致运动不顺畅。

结合以上几点，Micro-USB 接口组件与 lightning 接口外壳两侧间隙设计为 0.20mm，尾部间隙比 Micro-USB 公头接口长度大 0.50mm 以上，如图 5-46 所示。

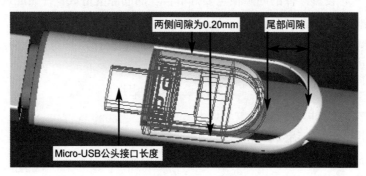

图 5-46 Micro-USB 接口组件与 lightning 接口外壳的间隙

技巧提示

　　Micro-USB 公头接口是插入 lightning 外壳内的转接头中的，尾部间隙是一个很关键的数值，如果设计小了，Micro-USB 接口组件退不出来，后续改模也很难修改。如果设计大了，产品的整体长度就大了，会影响外形的美观度。一般来说，预留的间隙要比 Micro-USB 公头接口长度大 1.00mm 左右。

（4）大外壳与 lightning 接口组件间隙设计要考虑以下因素：

① 表面都无须处理，都是素材。

② 大外壳是需要活动的。

③ 间隙过大会造成 lightning 接口组件在大外壳内晃动。

④ 间隙过小会导致运动不顺畅。

结合以上几点，大外壳与 lightning 接口组件四周间隙设计为 0.15mm，尾部间隙为 0.20mm，如图 5-47 所示。

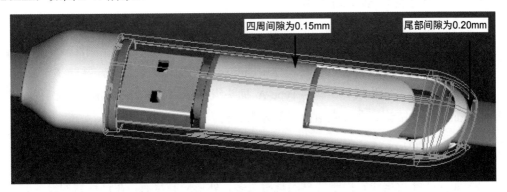

图 5-47　大外壳与 lightning 接口组件的间隙

（5）线材与 Type-A 接口外壳四周间隙为 0.10mm，如图 5-48 所示。

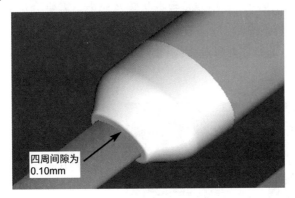

图 5-48　线材与 Type-A 接口外壳的间隙

（6）大外壳需要运动，线材与大外壳间隙设计为 0.20mm，如图 5-49 所示。

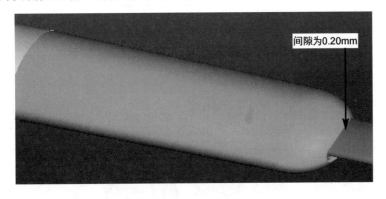

图 5-49　线材与大外壳的间隙

5.5 结构设计要点详解

本节主要讲解此款产品的结构设计要点及难点，让读者朋友能够学到比较复杂的线材产品设计的一些技巧及技能，以便在工作中能够将这些知识加以运用，并能举一反三。

这款多功能数据线按线材结构、Type-A 插头组件结构、Micro-USB 插头组件结构、lightning 插头组件结构、大外壳结构五部分来分析。

5.5.1 线材的结构设计要点讲解

（1）如何选择数据线？由于线材的规格很多，外形应有尽有，在进行结构设计时首先要确定线材的规格及外形，可根据以下几点选择考虑：

① 根据主要功能选择线材。如充电功能、数据传输功能、高速传输视频或者音频功能等。此款多功能数据线的主要功能是数据传输及充电，需要给苹果产品（手机、平板电脑等）使用，需要 5 条芯线。

② 根据需要的电子参数要求选择线材。如需要承载多大的电压及电流、是否需要抗干扰功能等。

图 5-50　弧形面条式线材

③ 根据线材的长度来选择。线材越长，电流及电压衰减越大，对芯线的要求就越高。此款多功能数据线总长为 30cm，属于较短的便携式线材。

④ 根据线材的外观来选择。线材的外形由 ID 决定，对于此款多功能数据线，选用弧形面条式线材，如图 5-50 所示。

技巧提示

全新的线材要经过研发设计、线材模具制造、抽线打样、测试、承认、试产、量产等流程，每次量产还有最低数量的要求。

在进行线材设计时，尽量选用市场上通用的线材，通用的线材意味着市场上有现存的货源，缩短了线材设计及研发时间，同时还没有库存的压力。

当然，对于外观比较好的 ID，又对产品的预期销量比较看好，设计全新的线材也是可行的。

（2）此款线材宽为 7.30mm，厚为 2.20mm，线材外皮选用 TPE 材料。

线材功能主要是数据传输及充电，需要给苹果产品（手机、平板电脑等）使用，线材内部需要 5 条芯线，颜色分别为红、黑、绿、白、黄，分别对应的功能是 V+、V-、D+、D-、AP+，其中 D+、D-需要用铝箔包裹。

V+，红色线材，22AWG，表皮材料为 HDPE（高密度聚乙烯），电源正极。

V-，黑色线材，22AWG，表皮材料为 HDPE（高密度聚乙烯），电源负极。

D+，绿色线材，24AWG，表皮材料为 HDPE（高密度聚乙烯），数据正极。

D-，白色线材，24AWG，表皮材料为 HDPE（高密度聚乙烯），数据负极。

AP+，黄色线材，22AWG，表皮材料为 HDPE（高密度聚乙烯），连通到数据线的苹果专用芯片。

D+、D-需要用铝箔包裹，铝箔的主要作用是防止数据传输过程中信号受到干扰，起到屏蔽、抗干扰的作用。线材的规格如图 5-51 所示。

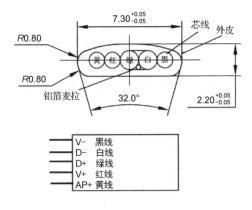

图 5-51　线材的规格

（长度单位为 mm）

（3）需要将线材焊接到连接器上，两端需要剥线与加锡，剥线长度为 7.00mm，沾锡长度为 2.50mm，如图 5-52 所示。

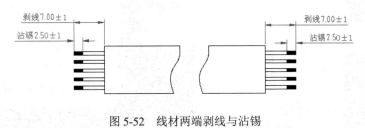

图 5-52　线材两端剥线与沾锡

（长度单位为 mm）

5.5.2　Type-A 插头组件结构设计要点讲解

（1）Type-A 公头连接器外露长度不小于 12.00mm，外露长度不够可能会出现接触不良的情况，如图 5-53 所示。

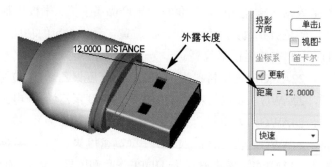

图 5-53　Type-A 公头连接器外露长度

（2）将线材焊接在 Type-A 公头连接器上后，为了防止焊点松动脱落，需要用内膜包裹，如图 5-54 所示。

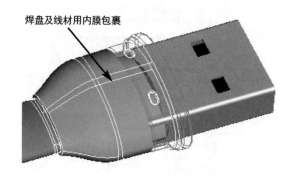

图 5-54　Type-A 插头内膜

（3）内膜材料为塑料 PVC，通过内膜模具在立式注塑机完成注塑。图 5-55 所示为线材的内膜模具。

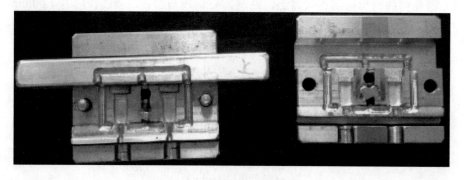

图 5-55　线材的内膜模具

（4）线材的立式注塑机是一种相对简易的设备，如图 5-56 所示。

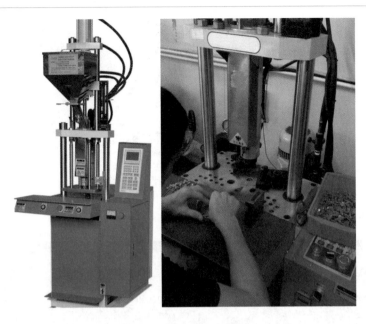

图 5-56　线材立式注塑机

（5）Type-A 接头装饰件与 Type-A 接头外壳由于外形尺寸不大，内部结构空间小，采用止口与卡扣的方式连接及固定，在装饰件上设计公止口插入外壳中，止口间隙为 0.05mm，止口高度为 2.50mm，如图 5-57 所示。

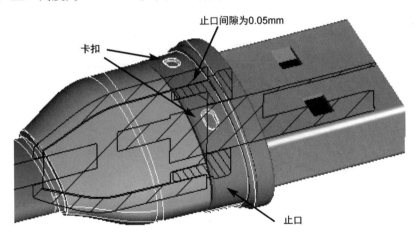

图 5-57　止口与卡扣

（6）在 Type-A 接头外壳上设计公扣，在 Type-A 接头装饰件上设计母扣，共设计四个卡扣，每面各两个，扣合量为 0.15mm，并预留 0.10mm 左右的调整空间。外壳上的公扣采用模具强制脱模，装饰件上的母扣采用两侧行位出模，如图 5-58 所示。

图 5-58　卡扣设计

📋 **技巧提示**

为什么在外壳上设计公扣而在装饰件上设计母扣呢？因为外壳内部空间较小，扣位采用斜顶出模空间不够，只能采用强制脱模，强制脱模倒扣一般为 0.20mm 左右，倒扣过大会造成产品拉伤及变形。装饰件上设计母扣，并要预留后续的调整空间，倒扣量比公扣要大，强制脱模困难，但可以通过两侧行位脱模。所以将公扣设计在外壳上，母扣设计在装饰件上。

（7）Type-A 接头内膜与外壳间隙为 0.05mm，线材与外壳间隙为 0.10mm，如图 5-59 所示。

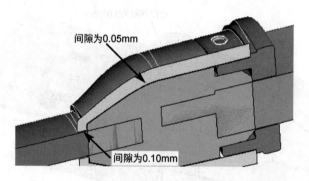

图 5-59　Type-A 接头外壳与内膜及线材的间隙

（8）Type-A 公头连接器与装饰件间隙最小处为 0.05mm，减胶拔模 1°，如图 5-60 所示。

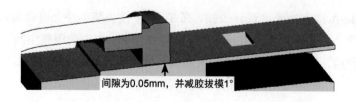

图 5-60　Type-A 公头连接器与装饰件的间隙

5.5.3　Micro-USB 插头组件结构设计要点讲解

（1）Micro-USB 公头连接器外露长度不小于 6.00mm，外露长度不够可能会出现接触不良的情况，如图 5-61 所示。

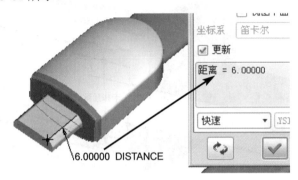

图 5-61　Micro-USB 公头连接器外露长度

（2）将线材焊接在 Micro-USB 公头连接器上后，为了防止焊点松动脱落，需要用内膜包裹，如图 5-62 所示。

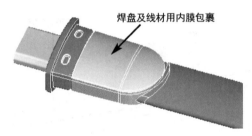

图 5-62　Micro-USB 插头内膜

（3）Micro-USB 接头装饰件与 Micro-USB 接头外壳由于外形尺寸不大，内部结构空间小，采用止口与卡扣的方式连接及固定，在装饰件上设计公止口插入外壳中，止口间隙为 0.05mm，止口高度为 2.50mm，如图 5-63 所示。

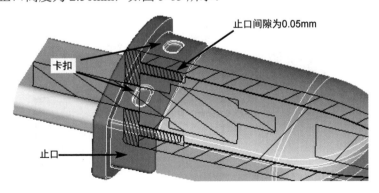

图 5-63　止口与卡扣

（4）在 Micro-USB 接头外壳上设计公扣，在 Micro-USB 接头装饰件上设计母扣，共设计四个卡扣，每面各两个，扣合量为 0.15mm，并预留 0.10mm 左右的调整空间。外壳上的公扣采用模具强制脱模，装饰件上的母扣采用两侧行位出模，如图 5-64 所示。

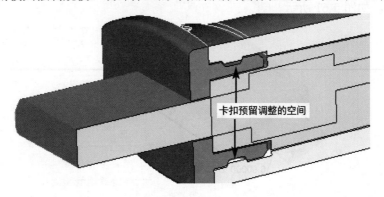

图 5-64　卡扣设计

（5）Micro-USB 接头内膜与 Micro-USB 接头外壳间隙设计为 0.05mm，线材与外壳间隙设计为 0.10mm，如图 5-65 所示。

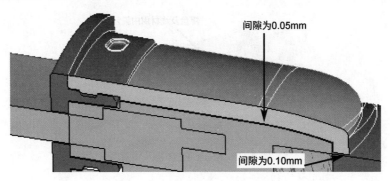

图 5-65　Micro-USB 接头外壳与内膜及线材的间隙

（6）Micro-USB 公头连接器与装饰件间隙最小处为 0.05mm，并减胶拔模 1°，如图 5-66 所示。

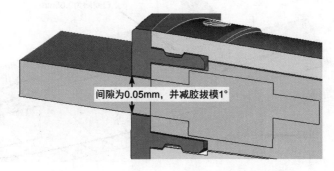

图 5-66　Micro-USB 公头连接器与装饰件的间隙

5.5.4　lightning 插头组件结构设计要点讲解

（1）根据苹果 MFi 认证的要求，lightning 公头连接器外露长度的范围是 6.47～6.75mm，建议设计尺寸为 6.60mm，如图 5-67 所示。

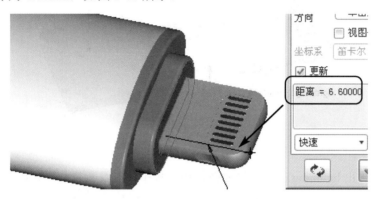

图 5-67　lightning 公头连接器外露长度

📋 技巧提示

　　MFi 是"Made for iPhone/iPod/iPad"的英文缩写，是苹果公司(Apple Inc.)对其授权配件厂商生产的外置配件的一种标识使用许可，外置配件通过苹果公司授权认证，以此来满足苹果产品的性能标准。MFi 认证需要经过一系列的严格测试，每一项测试都要达到苹果公司制定的标准。

　　通过苹果官方 MFi 认证的产品，其包装盒都会印上"Made for iPhone/iPod/iPad"字符与标识，如图 5-68 所示。

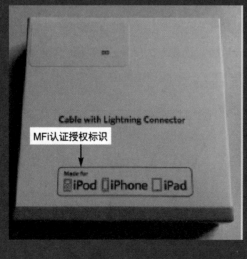

图 5-68　MFi 认证授权标识

（2）lightning 插头组件内部是一个转接头，将 lightning 公头连接器与 Micro-USB 母座连接器焊接在一起，实现连接，如图 5-69 所示。

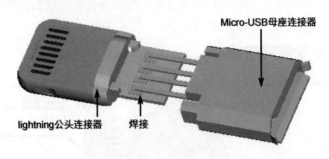

图 5-69　连接器焊接在一起

（3）为了防止 lightning 公头连接器在使用过程中松脱及断裂，需要用一个五金件来加强固定，五金件材料采用 304 不锈钢，通过激光将其焊接在 lightning 公头连接器上，正面及反面都需要焊接，如图 5-70 所示。

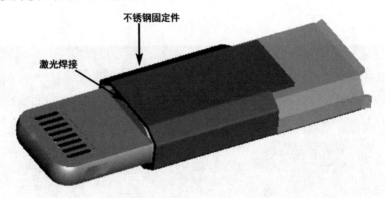

图 5-70　激光焊接

（4）为了防止 lightning 接头内部松动，还需要用内膜包裹，如图 5-71 所示。

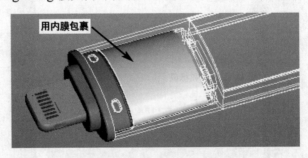

图 5-71　lightning 接头内膜

（5）lightning 接头装饰件与 lightning 接头外壳由于外形尺寸不大，内部结构空间小，采用止口与卡扣的方式连接及固定，在装饰件上设计公止口插入外壳中，止口间隙为

230

0.05mm，止口高度为 2.50mm，如图 5-72 所示。

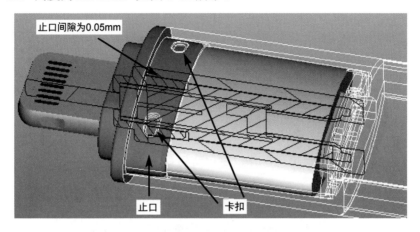

图 5-72　止口与卡扣

（6）在 lightning 接头外壳上设计公扣，在 lightning 接头装饰件上设计母扣，共设计四个卡扣，每面各两个，扣合量为 0.15mm，并预留 0.10mm 左右的调整空间。外壳上的公扣采用模具强制脱模，装饰件上的母扣采用两侧行位出模，如图 5-73 所示。

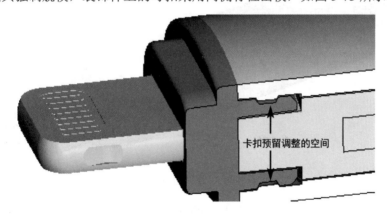

图 5-73　卡扣设计

（7）lightning 接头内膜与 lightning 接头外壳间隙设计为 0.05mm，如图 5-74 所示。

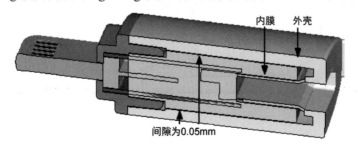

图 5-74　lightning 接头外壳与内膜的间隙

（8）lightning 公头连接器与装饰件间隙最小处为 0.05mm，并减胶拔模 2°，如图 5-75 所示。

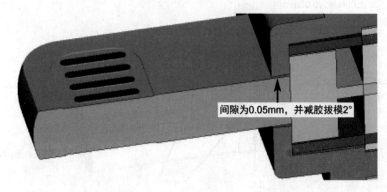

图 5-75　lightning 公头连接器与装饰件的间隙

（9）线材需要在 lightning 接头外壳内活动，间隙不小于 0.30mm，建议设计值为 0.50mm，如图 5-76 所示。

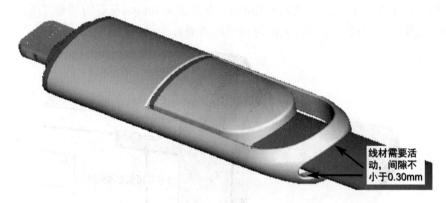

图 5-76　lightning 接头外壳与线材的间隙

（10）Micro-USB 接头组件需要在 lightning 接头外壳内活动，Micro-USB 公头在完全拔出后还需要至少有 0.50mm 的空间，如图 5-77 所示。

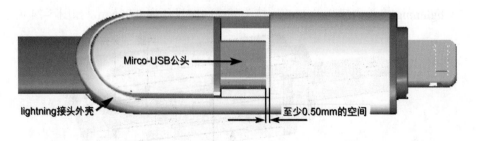

图 5-77　Micro-USB 公头的空间距离

5.5.5　大外壳结构设计要点讲解

（1）将大外壳与 Type-A 接头装饰件连接，Type-A 接头装饰件与大外壳由于外形尺寸不大，内部结构空间小，采用止口与卡扣的方式连接及固定，在 Type-A 接头装饰件上设计公止口插入大外壳中，止口间隙为 0.05mm，止口高度为 2.00mm，如图 5-78 所示。

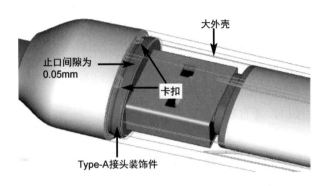

图 5-78　大外壳与 Type-A 接头装饰件止口与卡扣

（2）在大外壳上设计公扣，在 Type-A 接头装饰件上设计母扣，共设计四个卡扣，每面各两个，扣合量为 0.15mm，并预留 0.10mm 左右的调整空间。大外壳上的公扣采用模具强制脱模，装饰件上的母扣采用两侧行位出模，如图 5-79 所示。

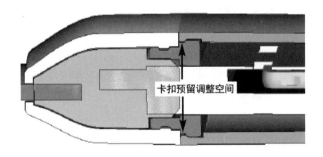

图 5-79　卡扣设计

（3）在大外壳上设计长骨位限位 lightning 接头组件，防止 lightning 接头组件晃动，四周间隙为 0.15mm，在骨位入口处设计大斜角，如图 5-80 所示。

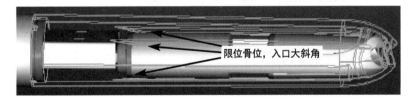

图 5-80　限位骨位

5.6 产品结构设计总结

5.6.1 检查功能需求

现在统一检查这款多功能数据线与结构相关的功能需求是否设计完成：

（1）lightning 接口，要有数据传输及充电功能。

检查结果：已设计完成，lightning 转接组件能满足要求。

（2）Micro-USB 接口，要有数据传输及充电功能。

检查结果：已设计完成，线材芯线能满足要求。

（3）Type-A 接口，要有数据传输及充电功能。

检查结果：已设计完成，线材芯线能满足要求。

（4）插头为一体式设计。

检查结果：已设计完成，收纳后的插头就是整体。

（5）插头部分要能收纳。

检查结果：已设计完成，可以收纳。

（6）线材颜色与插头装饰件颜色一致。

检查结果：已设计完成，颜色可以通过注塑时添加色粉实现。

（7）外观颜色主要为白色高光。

检查结果：已设计完成，对模具进行抛光处理，颜色通过注塑时添加色粉实现。

（8）线材手感舒适，光滑美观。

检查结果：已设计完成，线材外皮材料选用 TPE。

（9）线材韧性好，不容易断。

检查结果：已设计完成，线材外皮材料选用 TPE，每个接头的焊盘都通过内膜加固。

（10）产品外形美观，定位为中高档。

检查结果：已设计完成，模具采用精密模具，外壳采用高光处理，颜色搭配协调舒适。

5.6.2 易出的问题点总结及解决方案

已讲解完这款多功能数据线从 ID 效果图分析到结构重点这部分内容，还有一些容易出问题的地方，在进行结构设计时要重点注意。

（1）lightning 公头连接器外露长度达不到要求。

原因分析：

① 钢壳焊接时定位不够，造成位置移动，并遮挡 lightning 公头连接器。

② lightning 接头装饰件遮挡 lightning 公头连接器。

③ 内膜尺寸过大，造成装配不到位。

④ 生产装配存在问题，品质未管控。

解决方案：

① 钢壳焊接夹具要做到精确定位，保证钢壳上端面不能超过 lightning 公头连接器的端面，如图 5-81 所示。

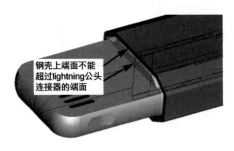

图 5-81 钢壳上端面不能超过 lightning 公头连接器的端面

② lightning 接头装饰件限位 lightning 公头连接器端面的料厚设计为 0.50mm，此料厚过大会导致 lightning 公头连接器伸出过短，如图 5-82 所示。

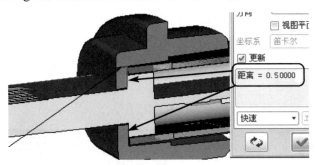

图 5-82 lightning 接头装饰件配合料厚尺寸

③ 内膜端面与 lightning 接头装饰件留 0.10mm 的间隙，以防内膜过大造成装不到位，如图 5-83 所示。

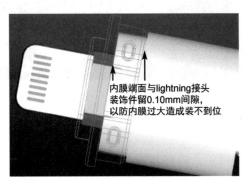

图 5-83 内膜与 lightning 接头装饰件的间隙

④ 生产管控此尺寸，建议管控尺寸范围是 6.47～6.75mm。

（2）装饰件与外壳配合不够牢固，受力可能会脱落，如图 5-84 所示。

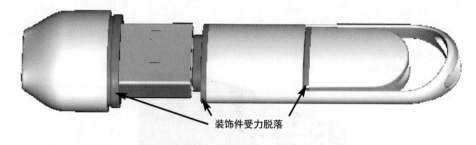

图 5-84　装饰件受力脱落

原因分析：

① 卡扣配合不够。

② 止口长度不够。

③ 模具强脱造成外壳变形。

解决方案：

① 卡扣配合不够，在扣合量不能增加的情况下，可以采用胶水辅助固定。

② 止口长度不能过短，短的止口会造成配合面不够。

③ 模具强脱造成外壳变形，可以通过调整模具结构、减少强脱的倒扣尺寸、用弹性较好的塑料等方式来改善。

（3）lightning 接头外壳容易断裂，如图 5-85 所示。

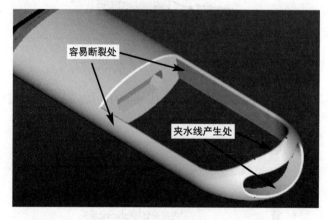

图 5-85　lightning 接头外壳容易断裂处

原因分析：

① 胶位过薄，导致强度差，容易断裂。

② 塑胶韧性不够，施加外力就容易断裂。

③ 尾部有孔，注塑时形成夹水线影响强度，使接头外壳容易在夹水线处爆开。

解决方案：

① 设计合理的胶位厚度，保证其强度。

② 在料厚不能增加的情况下，选用强度与韧性都比较优良的塑料，如纯 PC1110 等，这款产品的胶件初始选用 PC+ABS，其强度与韧性达不到要求，后面更改为 PC1110。

③ 因为尾部有孔，所以容易产生夹水线，通过改变进浇口的方式来避免此种情况，如图 5-86 所示，采用两点同时进胶的方式，避免在薄弱处产生夹水线。

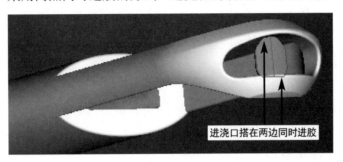

图 5-86　两个进浇口同时进胶

（4）大外壳与 Type-A 接头装饰件在接合处容易产生段差，如图 5-87 所示。

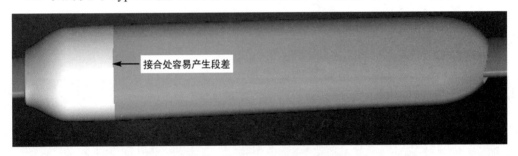

图 5-87　接合处容易产生段差

原因分析：

① 止口间隙设计不合理，过大、过小都会产生段差。

② 大外壳变形。

③ 卡扣位配合错位。

④ 模具制造的误差造成两个零件的外形尺寸不一致。

⑤ 注塑的误差造成两个零件的外形尺寸不一致。

解决方案：

① 设计合理的止口间隙，一般情况下，止口初始设计值为 0.05mm，后续根据实际装配情况进行调整。

② 大外壳变形的主要原因是注塑时顶出变形，因此，要调整好注塑参数。

③ 设计合理的卡扣配合，后续根据实际装配情况进行调整。

④ 提高模具的加工精度。

⑤ 注塑时管控两个零件的外形尺寸。

5.6.3　知识点总结

这款多功能数据线涉及的结构知识点主要有以下几点：

（1）数据线产品的特点及相关结构设计。

（2）数据线产品的间隙设计。

（3）数据线产品的装配设计。

（4）线材的相关知识点。

（5）Type-A 接头的相关知识点。

（6）Micro-USB 接头的相关知识点。

（7）lightning 接头的相关知识点。

（8）MFi 相关的知识点。

（9）强脱卡扣的相关知识点。

（10）lightning 接头转 Micro-USB 接头的相关知识点。

（11）数据线各零件材料的选择。

（12）易出的问题点分析及解决方案。

技巧提示

> 　　已讲解完这款多功能数据线的结构设计要点，读者在学习这一章内容时，要学会融会贯通，举一反三。学习的目的不仅仅是让大家学会设计类似的多功能数据线，更重要的是学会较复杂产品的设计思路、设计理念。结构设计是相通的，不管什么行业、什么产品，设计方法及设计思路大同小异。

多功能私人云盘结构设计全解析

本章导读:

- ✧ 产品概述及 ID 效果图分析详解
- ✧ 结构及模具初步分析详解
- ✧ 结构设计要点详解

- ✧ 产品拆件分析详解
- ✧ 建模要点及间隙讲解
- ✧ 产品结构设计总结

6.1 产品概述及 ID 效果图分析详解

6.1.1 产品概述

这是一款多功能私人云盘，具有将手机照片及音乐等文件通过 Wi-Fi 无线传输备份、电脑移动硬盘、移动电源等多种功能。此款多功能私人云盘有两个 USB 输出接口和一个 Type-C 输入兼输出接口，两个 USB 输出接口主要用于手机等外部设备充电，Type-C 接口主要用于数据传输及充电。

此款多功能私人云盘内置一个容量为 100G 的 SSD 硬盘，用于存放手机及电脑的数据文件，通过定制的专用手机 App 可以将手机中的照片及音乐等文件通过 Wi-Fi 无线传输的方式备份到私人云盘中。

此款多功能私人云盘通过数据线连接电脑，可以当作移动硬盘使用。

此款多功能私人云盘还内置一个容量为 6000mAh 的聚合物锂电池，既可以给自身使用，也可以输出给手机等外部设备使用，具有移动电源的功能。

这款多功能私人云盘是根据市场需求，全新设计、全新研发的。

产品主要具有以下特点：

（1）具有 Wi-Fi 无线传输功能，连接手机能备份资料。

（2）具有移动电源功能。

（3）具有移动硬盘功能。

（4）外观铝合金部分与塑料结合，颜色多样，时尚美观。

（5）整机为纤薄设计，便于携带。

这款多功能私人云盘尺寸为 129.80mm×71.80mm×12.60mm（长×宽×厚）。

技巧提示

> 此款多功能私人云盘功能较多，涉及的结构知识点很多，对结构设计而言，这是一款很有挑战性的产品。读者可以根据 ID 效果图，先自己思考整个产品的结构设计思路，再看书，这样会收获更多。

这款多功能私人云盘原始设计资料如下。

（1）ID 效果图及 ID 线框。

图 6-1 所示为多功能私人云盘的 ID 正面效果图，图 6-2 所示为多功能私人云盘的 ID 背面效果图，多功能私人云盘外观金色部分为铝合金材料，黑色部分为塑胶喷涂，产品外观还有好几种配色，如橙白、黑白、红黑等。

图 6-1　多功能私人云盘的 ID 正面效果图

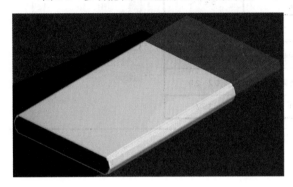

图 6-2　多功能私人云盘的 ID 背面效果图

（2）产品的功能需求。

产品的功能需求包括结构功能需求、电子功能需求、包装功能需求，这里只分析与结构相关的功能需求。

这款多功能私人云盘与结构相关的功能需求如下：

① 两个 USB 接口输出。

② 一个 Type-C 输入兼输出，要具有数据传输及充电功能。

③ 电芯为聚合物锂电池，容量为 6000mAh，电芯选择通用的型号及规格。

④ 外形由铝合金与塑胶搭配构成。

⑤ 四个蓝色电池容量指示灯，一个红白双色产品状态指示灯。

⑥ 一个电源开关键。

⑦ 产品外观颜色为金黑、白黑、红黑。

⑧ 一个复位按键。

⑨ 内置容量为 100G 的 SSD 硬盘。

⑩ 产品外形美观，定位为中高档。

（3）其他辅助类资料。

其他辅助类资料包括电子元器件规格书等。图 6-3 所示为电池尺寸图。

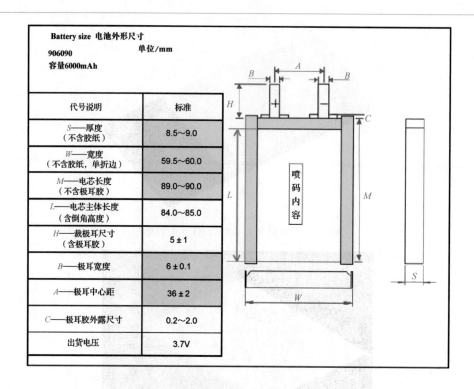

代号说明	标准
S——厚度 （不含胶纸）	8.5～9.0
W——宽度 （不含胶纸，单折边）	59.5～60.0
M——电芯长度 （不含极耳胶）	89.0～90.0
L——电芯主体长度 （含倒角高度）	84.0～85.0
H——裁极耳尺寸 （含极耳胶）	5±1
B——极耳宽度	6±0.1
A——极耳中心距	36±2
C——极耳胶外露尺寸	0.2～2.0
出货电压	3.7V

图 6-3　电池尺寸图

6.1.2　ID 效果图分析详解

有了原始设计资料后，要对 ID 效果图进行分析，在分析 ID 效果图时要结合产品的功能。一般从以下几个方面来分析。

（1）通过 ID 效果图了解产品的基本构成。

通过分析这款多功能私人云盘 ID 效果图可知，该产品正面主要由铝合金外壳、塑胶上壳、按键、导光柱组成，如图 6-4 所示。

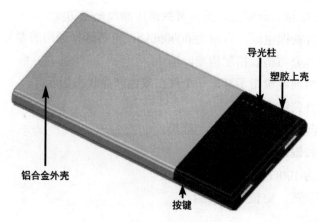

图 6-4　多功能私人云盘的正面构成

（2）产品背面主要由塑胶下壳、底面盖板构成，如图 6-5 所示。

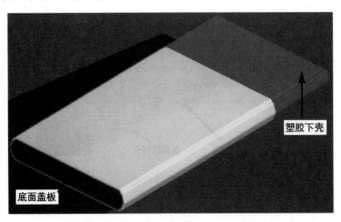

图 6-5　多功能私人云盘的背面构成

（3）结合功能进一步分析各部分的构成。

① 从 ID 效果图分析得出，USB 连接器与 Type-C 接口位于产品的前侧面，如图 6-6 所示。

图 6-6　连接器位置

② 四个电量指示灯排列在一起，且间距相等，产品状态指示灯与电量指示灯间距要大一些，如图 6-7 所示。

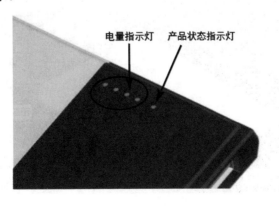

图 6-7　指示灯构成

③ 复位按键孔在按键的旁边，如图 6-8 所示。

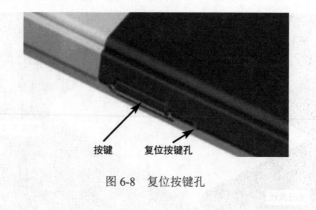

图 6-8　复位按键孔

6.2　产品拆件分析详解

由上一节的 ID 效果图分析可知，这款多功能私人云盘需要拆的零件包括铝合金外壳、塑胶上壳、塑胶下壳、按键、导光柱、底面盖板，如图 6-9 所示。

图 6-9　需要拆的零件

📋 **技巧提示**

　　此款多功能私人云盘从外观上分析是由五金与塑胶构成的，五金件是铝合金的，通过模具挤压成型，但塑胶拆件方法是根据结构需要来拆件的，可以拆一个零件，也可以拆两个零件，对于此款产品，将塑胶拆分成塑胶上壳与塑胶下壳共两个零件，原因如下：

　　（1）如果只拆成一个零件，模具难度大，拆分成两个零件更利于模具加工及注塑。

　　（2）如果只拆成一个零件，外观拔模会影响产品外形的美观度。

　　（3）如果只拆成一个零件，内部 PCB 及电子元器件不好固定。

　　（4）如果只拆成一个零件，导光柱及按键的固定及安装比较困难。

6.3　结构及模具初步分析详解

拆件分析完成后，要进一步分析结构设计与模具制作的可行性。

6.3.1　材料及表面处理分析

　　产品零部件的材料及表面的处理方式有很多种，不同的产品选择的零件材料及表面处理方式也有差异，前面 3.3 节详细介绍了如何选择零件的材料及表面处理方式，根据前面章节介绍的方法，这款多功能私人云盘材料及表面处理方式选择如下。

　　（1）铝合金外壳的材料及表面处理方式选择。

铝合金6063-T5，氧化金色哑光

图 6-10　铝合金外壳的材料及表面处理

　　铝合金件外壳材料选用铝合金 6063-T5，成型方式为挤压成型，成品外表面氧化，为金色哑光，如图 6-10 所示。

📋 **技巧提示**

　　铝合金 6063-T5 中的 6063 指的是牌号，如 6063、6061 等，T5 是铝合金热处理工艺的一种代号，如 T5、T6 等。数码类及消费类等产品用的铝合金产品，由于表面要求高，主要采用的铝合金型号是 6063-T5，其优点如下：

　　① 强度及硬度中等，能满足大部分产品的需求。

　　② 加工性能优良，便于制造及加工。

③ 材料致密性能好，表面易抛光，易处理。

④ 表面氧化性能好，且颜色可调整。

铝合金 6063-T5 通过模具挤压成型，挤压的是半成品铝合金型材，后续再进行切割、抛光等处理工艺。

铝合金最常用的牌号是 6061 与 6063，二者的主要区别如下：

① 二者的合金含量不一样，6061 所含合金元素比 6063 多。

② 力学性能不一样，6061 强度比 6063 要好。6063 塑性比 6061 要好，6063 更适合精密加工。

③ 6061 表面氧化性能一般，6063 表面氧化性能优良。

（2）塑胶上壳的材料及表面处理方式选择。

塑胶上壳材料选用塑胶 PC+ABS，防火等级为 UL94-V2，成型方式为注塑，外表面喷涂黑色油漆和哑光 UV，如图 6-11 所示。

图 6-11　塑胶上壳的材料及表面处理

（3）按键的材料及表面处理方式选择。

按键材料选用塑胶 PC+ABS，防火等级为 UL94-V2，成型方式为注塑，外表面喷涂黑色油漆和哑光 UV，如图 6-12 所示。

图 6-12　按键的材料及表面处理

（4）导光柱的材料及表面处理方式选择。

导光柱材料选用塑胶透明 ABS，成型方式为注塑，外观面做高光处理，原色透明，如图 6-13 所示。

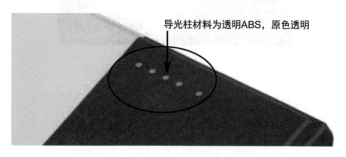

图 6-13　导光柱的材料及表面处理

技巧提示

导光柱需要透光，要选用透明材料，常用的透明塑胶有透明 ABS、PC、PMMA 等。PMMA 透光性好，但材料脆；PC 强度好，但透明度没有 PMMA 高，且注塑流动性差；透明 ABS 透明度比 PMMA 与 PC 都差，但注塑流动性好。由于此款多功能私人云盘产品对透明度没有太高的要求，故选用透明 ABS。

（5）塑胶下壳的材料及表面处理方式选择。

塑胶下壳材料选用塑胶 PC+ABS，防火等级为 UL94-V2，成型方式为注塑，外表面喷涂黑色油漆和哑光 UV，如图 6-14 所示。

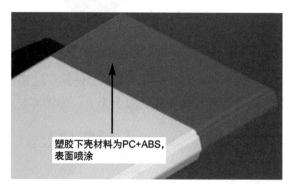

图 6-14　塑胶下壳的材料及表面处理

（6）底面盖板的材料及表面处理方式选择。

底面盖板材料选用塑胶 PC 片，采用 CNC 切割成型，表面丝印黑色，如图 6-15 所示。

图 6-15　底面盖板的材料及表面处理

6.3.2　各零件之间的固定及装配分析

多功能私人云盘外形比较简单，所包含的结构零件也不多，但是在结构设计上要重点考虑以下几点，这也是这款产品的结构重点及难点，结构设计的合理性决定产品固定是否可靠、装配是否简单。

（1）铝合金外壳与塑料部分的固定。

铝合金外壳与塑料接合面位于产品三分之一处，如果结构设计不合理，接合处受力容易断裂，且容易产生段差，如图 6-16 所示。

图 6-16　接合处容易断裂及产生段差

结构设计如何避免这些问题呢？将塑胶上壳加长，使其穿过铝合金外壳的内部，在产品的底面使用两个螺钉将铝合金外壳固定在塑胶上壳上，如图 6-17 所示。

图 6-17　铝合金外壳与塑胶上壳的连接及固定

（2）塑胶上壳与塑胶下壳接合面的选择及固定。

塑胶上壳与塑胶下壳的接合面选择有两种方式：第一种拆件方式是从中间分开，第二种拆件方式是从塑胶外壳的底面拆分一个零件作为下壳，如图6-18所示。

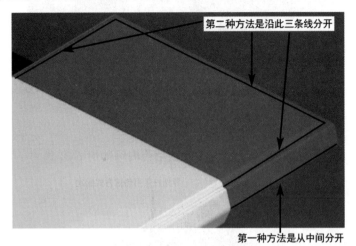

图6-18 塑胶上壳与塑胶下壳的接合面拆分

第一种拆件方式会使产品外表面留下明显的轮廓线，对外观影响较大；第二种拆件方式会使产品外观产生三条接合线，但选择第二种方式从产品背面拆件，只要结构设计合理，接合线对产品外观的影响就会减小，所以选择第二种拆件方式。

在结构设计上，塑胶上壳与塑胶下壳采用卡扣固定，将卡扣设计成不易拆卸的死扣，如图6-19所示。

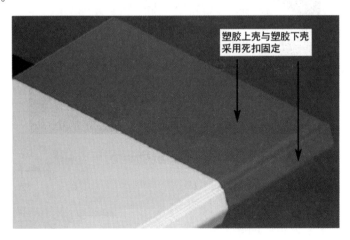

图6-19 塑胶上壳与塑胶下壳的固定

（3）采用裙边及悬臂梁将按键固定在塑胶上壳的侧面，如图6-20所示。

图 6-20　按键的固定

（4）将导光柱采用热熔的方式固定在塑胶上壳内，如图 6-21 所示。

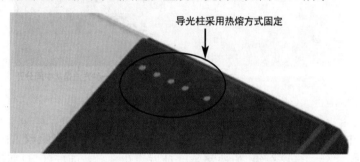

图 6-21　导光柱的固定

（5）底面盖板通过双面胶固定，如图 6-22 所示。

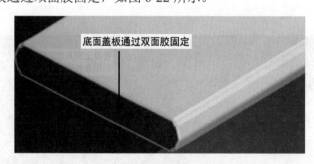

图 6-22　底面盖板的固定

6.3.3　模具初步分析

模具初步分析主要分析产品各个零件的成型方法及模具设计的分模示意图，要清楚模具分型面位于零件的什么位置。

这款多功能私人云盘各部分分析如下：

（1）铝合金外壳为铝合金五金件，通过模具挤压成型，挤压型材的特点是每一个横截面都是相同的，在进行结构设计时也不需要设计拔模角度，如图 6-23 所示。

图 6-23 铝合金型材横截面

📋 **技巧提示**

挤压成型是五金型材、管材、板材主要的成型方式。挤压成型主要的生产工艺如下：
① 制造模具，根据产品的横截面设计并制造挤压模具。
② 配料，根据产品的材料要求配置好原材料。
③ 熔炼，将配制好的原材料在高温炉中熔炼，再经冷却，形成一定形状的铸锭。
④ 挤压成型，利用挤压机将加热好的铸锭从模具中挤出成型。
⑤ 热处理，利用不同的淬火方式和时效处理，使型材得到应有的力学性能。

（2）塑胶上壳为塑料件，通过塑胶模具注塑成型。模具分型面位于上表面，上表面为前模方向，背部下表面为后模方向，侧面模具倒扣通过行位出模，如图 6-24 所示。

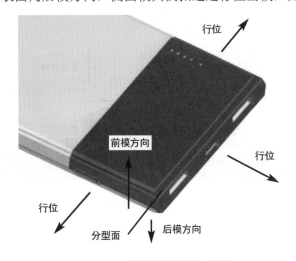

图 6-24 塑胶上壳分模示意图

（3）塑胶下壳为塑料件，通过塑胶模具注塑成型。模具分型面位于前端面靠下的那个面，外表面为前模方向，内表面为后模方向，如图6-25所示。

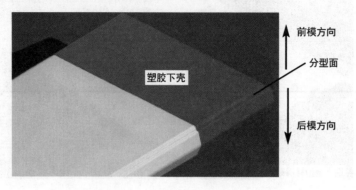

图6-25　塑胶下壳分模示意图

（4）按键为塑料件，通过塑胶模具注塑成型。模具分型面位于裙边的外表面，外表面为前模方向，内表面为后模方向，如图6-26所示。

图6-26　按键分模示意图

（5）导光柱为塑料件，通过塑胶模具注塑成型。模具分型面位于裙边的外表面，外表面为前模方向，内表面为后模方向，如图6-27所示。

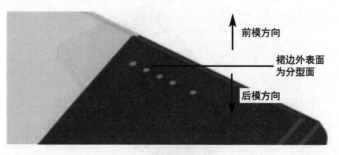

图6-27　导光柱分模示意图

（6）底面盖板通过CNC加工，不需要制造模具。图6-28所示为透明镜片CNC加工实景图。

图 6-28　透明镜片 CNC 加工实景图

6.4　建模要点及间隙讲解

结构设计常用的软件是 Pro/ENGINEER，软件版本不重要，因为本书不做具体的软件操作讲解。本节主要讲解这款产品建模的要点，读者主要学习产品结构设计的思路及技巧。

建模采用自顶向下的设计理念，先做骨架，然后拆分零件。什么是自顶向下设计理念？做骨架与拆件有什么原则及要求？这些问题在这里就不讲述了，有需要的读者朋友可以参考《产品结构设计实例教程——入门、提高、精通、求职》一书，此书第二部分有详细的讲解。

6.4.1　骨架要点讲解

首先设计这款多功能私人云盘的骨架，产品外形没有复杂的曲面，骨架设计相对简单。

（1）首先将原始线条导入 3D 软件中，将不同视图的线条设置成不同的颜色。图 6-29 所示为导入 3D 软件中的线条。

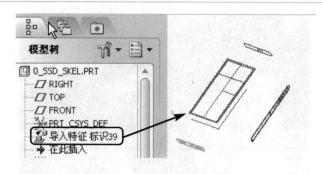

图 6-29 导入 3D 软件中的线条

（2）导入线条后，下一步是草绘两条曲线，用于控制整个产品的长、宽、高，如图 6-30 所示。

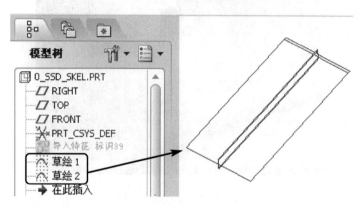

图 6-30 控制产品尺寸的线条

（3）做出产品的外形曲面，由于外形曲面为铝合金型材和塑胶侧面滑块出模，产品外形不需要做拔模角度，如图 6-31 所示。

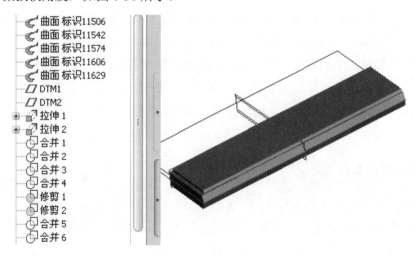

图 6-31 完成的外形曲面

（4）完成其他所有拆件需要的曲线与曲面，完成的骨架模型如图 6-32 所示。

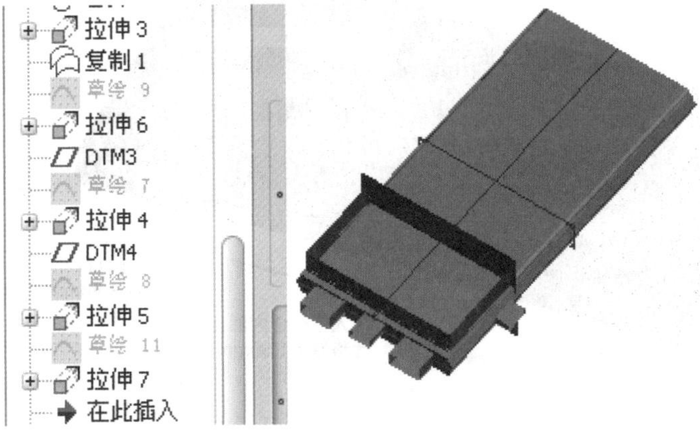

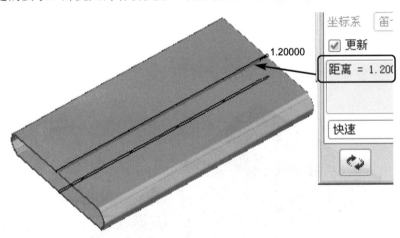

图 6-32　完成的骨架模型

6.4.2　拆件要点讲解

骨架完成后，需要拆分零件，本节主要讲解拆件的要点及各主要零件的料厚，对具体的软件操作不做讲解。

（1）铝合金外壳是挤压的型材，后续还需要进行切割、CNC 加工、抛光等处理，对强度也有一定的要求，外壳太薄容易变形，料厚做到 1.20mm，如图 6-33 所示。

图 6-33　铝合金外壳料厚

（2）塑胶上壳分为两部分，一部分外露，另一部分插入铝合金外壳内部。由于内部需要装配电路板、SSD 硬盘、电池等，对结构强度有一定的要求，外露部分料厚做到 1.80mm，插入铝合金外壳内部的部分料厚做到 1.50mm，如图 6-34 所示。

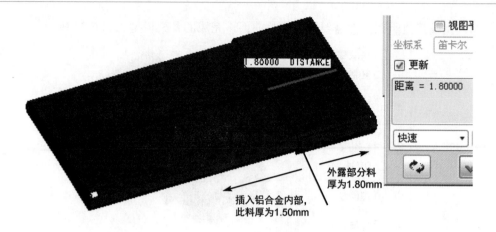

图 6-34　塑胶上壳料厚

（3）按键料厚为 0.80mm，如图 6-35 所示。

图 6-35　按键料厚

（4）由于塑胶下壳相对较小，其料厚做到 1.50mm，如图 6-36 所示。

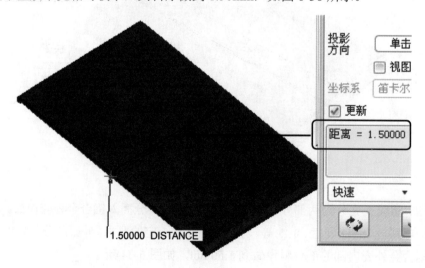

图 6-36　塑胶下壳料厚

（5）导光柱料厚做到 1.20mm，如图 6-37 所示。

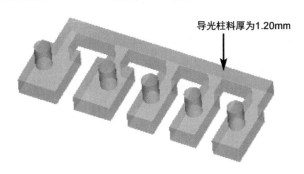

图 6-37　导光柱料厚

（6）底面盖板为透明板材，常用厚度有 0.50mm、0.65mm、0.80mm 和 1.00mm，此款产品底面盖板料厚为 1.00mm，如图 6-38 所示。

图 6-38　底面盖板料厚

（7）完成的建模图如图 6-39 所示。

图 6-39　完成的建模图

6.4.3　零件之间的间隙讲解

建模拆件时，设置零件的间隙很重要，不合理的间隙会造成零件装配过紧、过松、段差、内缩等缺陷。

本节虽然讲解的内容是这款多功能私人云盘的间隙设计，但对大部分电子类产品也适用。

（1）铝合金外壳与塑胶上壳的间隙设计要考虑以下因素：

① 接合面较多，既有外部接合面，也有内部接合面。

② 塑胶上壳穿过铝合金内部，通过螺钉将铝合金固定在中间。

③ 都是主要外观面。

④ 接合面没有拔模角度。

⑤ 铝合金可能存在轻微变形。

结合以上几点，铝合金外壳与塑胶上壳外部在接合面处的间隙设计为 0.00mm，内部所有接合面间隙设计为 0.10mm。在塑胶上壳上设计限位骨位，与铝合金内部间隙为 0.00mm，如图 6-40 所示。

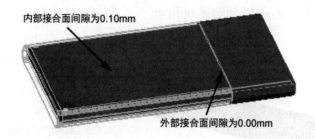

图 6-40　铝合金外壳与塑胶上壳的间隙

（2）塑胶上壳与塑胶下壳在接合面处的间隙设计为 0.00mm，塑胶下壳与铝合金外壳在接合面处的间隙为 0.00mm，如图 6-41 所示。

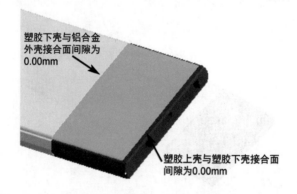

图 6-41　塑胶下壳与塑胶上壳及铝合金外壳的间隙

（3）按键与塑胶上壳间隙设计要考虑以下因素：

① 按键表面需要喷涂，要考虑喷涂层的厚度，喷涂层厚度约为 0.03mm。

② 塑胶上壳表面需要喷涂，要考虑喷涂层的厚度，喷涂层厚度约为 0.03mm。

③ 按键外表面需要拔模，拔模后的高度投影差值约为 0.05mm。

④ 间隙过大会使按键晃动。

⑤ 间隙过小会使按键卡死，改模难度大。

结合以上几点，按键与塑胶上壳的间隙初始值设计为0.12mm，如图6-42所示。

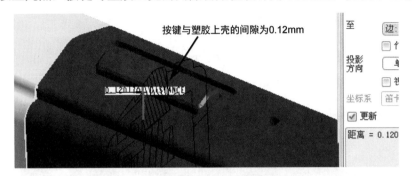

图6-42　按键与塑胶上壳的间隙

📋 **技巧提示**

　　按键与塑胶壳的间隙设计很关键，在实际工作中，经常会出现按键卡死与间隙过大的问题，主要原因是模具加工精度造成偏差及拔模角度设计不合理。在进行结构设计时就做好按键的拔模角度，避免在模具设计时将按键的拔模角度设计过大造成二者间隙过大。

（4）底面盖板与铝合金外壳间隙设计要考虑以下因素：

① 底面盖板通过CNC加工，精度较高，尺寸容易控制。

② 铝合金外壳通过CNC加工，精度较高，尺寸比较容易控制。

③ 底面盖板与铝合金外壳都没有拔模角度影响间隙。

④ 实际装配间隙如果不理想，后续可以通过实配调整，不涉及模具的改动，只需调整底面盖板的尺寸。

结合以上几点，底面盖板与铝合金外壳四周间隙初始值设计为0.05mm，公差控制镜片和铝合金的装配尺寸，如图6-43所示。

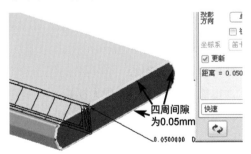

图6-43　底面盖板与铝合金外壳的间隙

（5）导光柱与塑胶上壳间隙设计要考虑以下因素：

① 塑胶上壳表面需要喷涂，装导光柱的孔内会飞到油漆。

② 导光柱与塑胶上壳的孔均需要设计拔模角度。

③ 导光柱装配不需要拆卸及运动。

④ 理想间隙是零配，即导光柱正好装进去，不会掉出来。

结合以上几点，导光柱与塑胶上壳四周间隙初始值设计为 0.02mm，并设计好拔模角度，导光柱表面比塑胶上壳低 0.05mm，如图 6-44 所示。

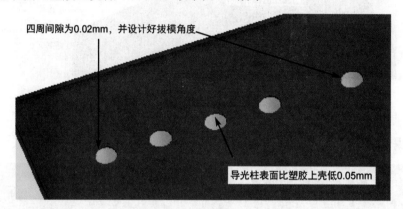

图 6-44　导光柱与塑胶上壳的间隙

6.5　结构设计要点详解

本节主要讲解此款产品的设计要点及难点，让读者朋友能够学到比较复杂产品设计的一些技巧及技能，以便在工作中能够将这些知识加以运用，并能举一反三。

这款多功能私人云盘按铝合金外壳结构、塑胶上壳与塑胶下壳结构、PCB 结构及固定设计、按键结构、导光柱结构、底面盖板结构六部分来分析。

6.5.1　铝合金外壳的结构设计要点讲解

（1）铝合金外壳为挤压型材，厚度为 1.20mm，挤压型材的主要特点是每一个横截面都是相同的，且不需要设计拔模角度，如图 6-45 所示。

（2）在进行结构设计时将塑胶上壳加长，使其穿过铝合金外壳的内部，这样设计既能将铝合金外壳固定牢靠，也能防止产品中间受力断裂，四周间隙为 0.10mm，如图 6-46 所示。

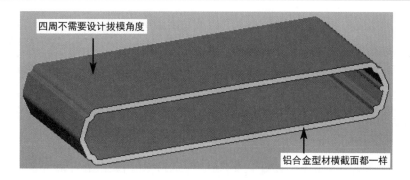

图 6-45　铝合金型材横截面

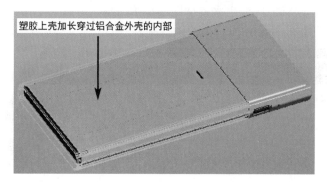

图 6-46　塑胶上壳加长

（3）铝合金外壳与塑胶上壳间隙设计值为 0.10mm，铝合金外壳会松动，为了更好地固定铝合金外壳，需要在塑胶上壳设计限位骨位，限位骨位与铝合金外壳间隙为 0.00mm，骨位入口处倒大斜角，如图 6-47 所示。

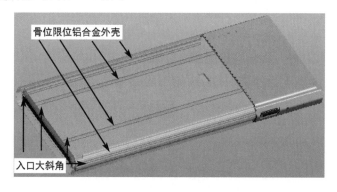

图 6-47　骨位限位

📋 **技巧提示**

　　铝合金外壳与塑胶上壳理想的间隙是 0.00mm，这种间隙可使铝合金外壳既容易装配又不会晃动，在进行结构设计时，为什么不将铝合金外壳与塑胶上壳的所有配合面间隙直接设计为 0.00mm 呢？由于模具制造及塑胶注塑的误差，如果将所有配合面间隙直接设计为 0.00mm，可能会出现装配过紧或者直接装配不进的现象，此种情况下修改模具是非常困难的。设计骨位与铝合金外壳间隙设计为 0.00mm，既能保证铝合金外壳容易装配又不会晃动，如果由于模具制造及塑胶注塑的误差产生装配过盈，塑胶上壳与铝合金外壳是可以轻微变形的，这样也不会造成装配困难。

（4）铝合金外壳需要镭雕 LOGO 及一些产品信息等相关内容，铝合金外壳与塑胶上壳的装配，需要设计防呆结构，否则在生产中很容易装错。防呆结构只需要做一个，且要很容易区别，最好一眼就能区分出来，如图 6-48 所示。

图 6-48　防呆结构设计

（5）铝合金外壳限位结构设计完成后，接着需要设计固定结构。铝合金外壳的固定方式首选螺钉，但尽量不要将螺钉直接锁在铝合金外壳上。铝合金外壳通过 CNC 切削出台阶面，设计一个塑胶压板，将塑胶压板压在台阶面上，再用螺钉固定在塑胶上壳上，通过螺钉的锁紧力将铝合金外壳夹紧，如图 6-49 所示。

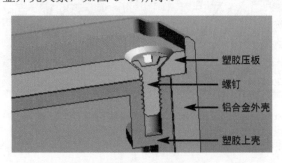

图 6-49　铝合金外壳的固定

（6）为了使铝合金外壳固定更牢固，塑胶上壳螺孔的端面比铝合金外壳的台阶面低 0.15mm，这样设计可以使螺钉固定更紧，能将铝合金外壳紧紧地夹在中间，防止其松动，如图 6-50 所示。

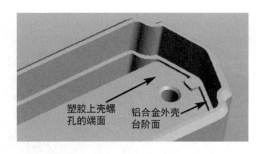

图 6-50　铝合金外壳台阶面

📋 **技巧提示**

由于塑胶压板上还需要粘贴底面盖板，采用沉头自攻牙螺钉，规格为 KB1.70×5.00mm，螺钉头表面要比塑胶压板表面低，如图 6-51 所示。

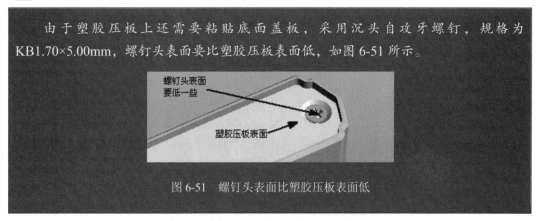

图 6-51　螺钉头表面比塑胶压板表面低

（7）塑胶压板材料选用塑胶 PC+ABS，防火等级为 UL94-V2，成型方式为注塑，由于塑胶压板需要承受一定的压力，对强度及平整度有要求，厚度设计为 2.00mm，外表面为素材黑色，如图 6-52 所示。

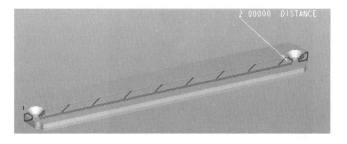

图 6-52　塑胶压板的厚度

6.5.2　铝合金型材产品加工及表面处理流程讲解

铝合金型材产品加工流程和表面处理流程如下：

（1）挤压成型，挤压出的型材如图 6-53 所示。需要将挤压出的型材锯断，长度可以设定，一般每段长度约为 3 米。

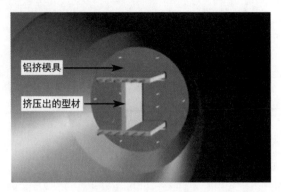

图 6-53　挤压出的型材

（2）锯断加工，根据产品的长度将型材锯成小段，锯床分为自动、半自动、人工。图 6-54 所示为半自动锯床加工。

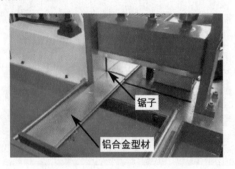

图 6-54　半自动锯床加工

（3）CNC 加工，根据产品的需要，用数控机床切出符合要求的尺寸及形状，图 6-55 所示为铝合金 CNC 加工。

图 6-55　铝合金 CNC 加工

（4）抛光，原型材表面比较粗糙且有轻微划痕，需要进行抛光处理。抛光分为机械自动抛光和人工抛光，对于外形规则的产品，可以选择机械抛光，但对于外形不规则的产品，可以选择人工抛光。图 6-56 所示为人工抛光。

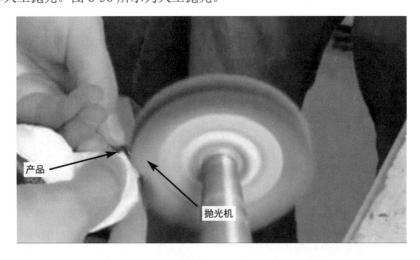

图 6-56　人工抛光

（5）喷砂，产品表面做细磨砂效果，产品抛光后需要喷砂。

喷砂是利用高速砂流的冲击作用清理或者粗化产品表面的过程。喷砂采用压缩空气为动力，以形成高速的喷射流将砂料高速喷射到需要处理的产品表面，使产品表面发生改变，从而获得需要的粗糙度。

砂粒种类很多，有铜矿砂、石英砂、金刚砂、铁砂等。砂粒大小有粗有细，根据产品的需求选择即可。

喷砂加工分为机械自动喷砂和手工喷砂。图 6-57 所示为自动喷砂机的内部，图 6-58 所示为手工喷砂机。

图 6-57　自动喷砂机的内部

图 6-58　手工喷砂机

（6）氧化，铝合金氧化是指阳极氧化。

阳极氧化是指金属或合金的电化学氧化，基本原理是将金属或者合金的产品作为阳极，采用电解的方法使其表面形成氧化物薄膜。

阳极氧化能氧化出所需要的颜色，氧化工厂有不同颜色的氧化池，如果没有产品所需要的颜色，那么就需要依次在不同的氧化池中多次氧化，以氧化出产品所需要的颜色。阳极氧化利用的原理是由三原色组合能产生其他不同的颜色。

图 6-59 所示是氧化现场照片。

图 6-59　氧化现场照片

（7）CNC 高光切亮边，通过高速的 CNC 机器在产品的边缘切出一圈高亮的斜边，以提升产品的外形美观度。

金属材料中，采用高光切边最多的金属就是铝及铝合金，因为铝材料相对较软，切削性能优良，且能获得很光亮的表面效果。图 6-60 所示为铝合金高光切亮边现场照片。

图 6-60　铝合金高光切亮边现场照片

技巧提示

> 铝合金高光切亮边一般是在氧化工艺完成后进行的,这样可以体现出铝材本身的金属高亮银色,能提升产品的美观度,广泛应用于电脑周边产品、数码类产品、手机类产品等行业。

6.5.3　塑胶上壳与塑胶下壳结构设计要点讲解

(1) 塑胶下壳位于塑胶上壳上,是从塑胶上壳中拆分出来的,在对这种结构进行设计时不仅要考虑限位与固定,还要避免二者在接合面的边缘四周配合间隙过大、间隙不均匀的问题,如图 6-61 所示。

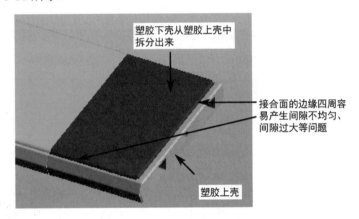

图 6-61　塑胶下壳拆分

为了避免二者在接合面的边缘四周配合间隙过大、间隙不均匀的问题,塑胶下壳周边的尺寸要比塑胶上壳的开孔尺寸大 0.50mm 左右,也不宜过大,否则有可能产生变形,造成局部翘起影响外观,如图 6-62 所示。

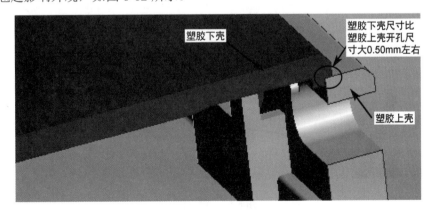

图 6-62　塑胶下壳尺寸

（2）为了防止上壳与下壳在配合面外张或者内缩引起段差，需要设计止口。公止口位于塑胶下壳，高度约为 1.00mm，母止口位于塑胶上壳，与公止口间隙为 0.05mm，如图 6-63 所示。

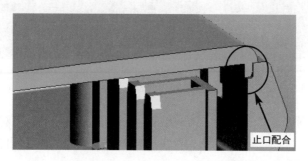

图 6-63 上壳与下壳止口

（3）在塑胶下壳与铝合金外壳配合的侧面，在塑胶下壳设计裙边伸入铝合金外壳中，裙边长为 1.50mm，间隙为 0.05mm，并倒大斜角导向，如图 6-64 所示。

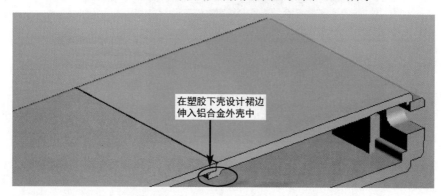

图 6-64 塑胶下壳裙边

（4）为了对塑胶上壳与塑胶下壳进行精确的定位，设计两个定位柱，如图 6-65 所示。

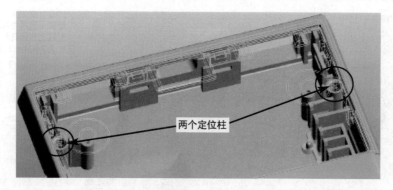

图 6-65 定位柱

定位柱配合深度为 2.50mm，间隙为 0.02mm，并倒大斜角导向，如图 6-66 所示。

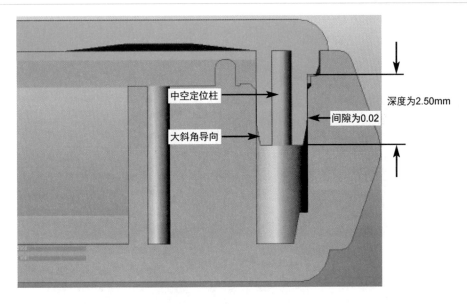

中空定位柱

大斜角导向

深度为2.50mm

间隙为0.02

图 6-66 定位柱设计

技巧提示

定位柱的尺寸要根据产品内部空间来选择，有实心定位柱（直径约为 0.80mm），也有空心定位柱 [空心定位柱尺寸一般不小于 1.80mm×0.80mm（外径×内径）]。实心定位柱由于尺寸较小，容易断裂，最好采用空心定位柱，空心定位柱强度好，模具注塑时也不易缩水。

定位柱之间配合间隙的理想值是 0.00mm，但由于模具制造及注塑的误差，在进行结构设计时尽量不要直接设计为 0.00mm，可以采取"先预留后调整的方法"，即初始间隙设计值为单边 0.02~0.05mm，后续根据实际装配情况决定是否还需要继续调整。

定位柱要倒大斜角导向，利于装配。

（5）止口与定柱柱的主要作用是限位，除了限位结构，塑胶上壳与塑胶下壳之间还需要设计固定结构，常用的固定结构如螺钉、超声焊接、胶水、热熔都不太适合此款产品。此款产品固定结构首选卡扣，卡扣是一种高效、经济且可靠的固定方式。设计卡扣尽量要均匀，此款产品塑胶上壳与塑胶下壳采用 8 个卡扣固定，每侧面各 2 个，如图 6-67 所示。

此款产品塑胶上壳与塑胶下壳不需要拆卸，采用死扣固定，扣合量为 0.60mm，卡扣配合面间隙为 0.05mm，公扣及母扣料厚尽量不小于 1.00mm，公扣及母扣都倒斜角导向。卡扣采用反扣中的死扣，这样固定更牢固，如图 6-68 所示。

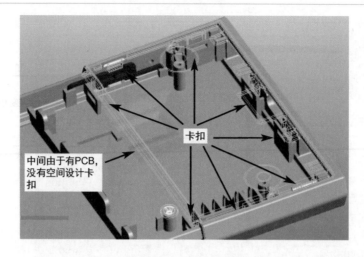

图 6-67　卡扣设计

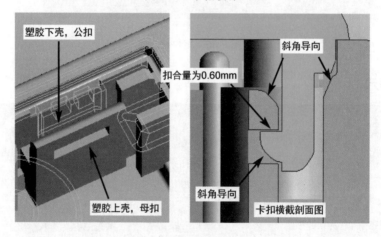

图 6-68　卡扣说明

6.5.4　PCB 及固定结构设计要点讲解

（1）根据产品内部的空间设计 PCB 的外形尺寸，由于此款多功能私人云盘功能很多，要求 PCB 空间尽量大，PCB 厚度设计为 0.80mm，为双面板，如图 6-69 所示。

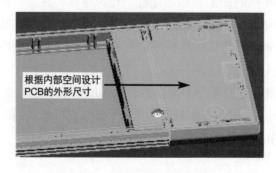

图 6-69　设计 PCB 的外形尺寸

📋 **技巧提示**

> PCBA 有公板与私板的区别，所谓公板就是公用的 PCBA，一般是专业的方案公司提供的 PCBA，此 PCBA 有不同的产品在公用。这种公板外形尺寸都不会轻易改变，在进行结构设计时要套用，只能改产品结构，不能改板。私板一般用于全新研发的产品，私板需要重新研发，私板的外形尺寸是根据结构的内部空间来设计的。

（2）在 PCB 上要画出对结构有影响的电子元器件，如 LED、按键、USB 连接器等，以便检查是否存在干涉。在 PCB 上还要画出焊盘位置，如电池焊盘等，以便硬件工程师在设计电路时确定位置。图 6-70 所示为 PCBA 的正面。

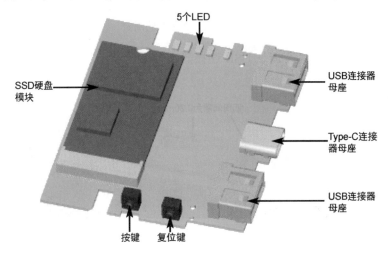

图 6-70　PCBA 的正面

（3）PCBA 的背面如图 6-71 所示。

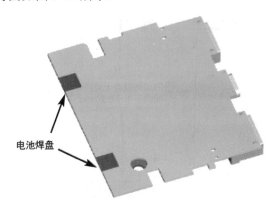

图 6-71　PCBA 的背面

（4）由于此产品内部有 SSD 硬盘，在进行结构设计时要确保 PCBA 在产品内部不能晃动，采用两个螺钉（自攻牙规格为 PB1.70×4.0mm）将 PCBA 固定在主体上壳内。在 PCBA 上还需要设计限位结构，在螺钉柱旁边设计两个圆柱限位，直径为 1.00mm，间隙为 0.05mm，如图 6-72 所示。

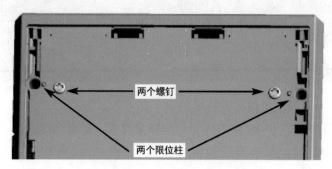

图 6-72　PCBA 的固定

（5）在塑胶上壳上切孔避让 USB 连接器、Type-C 连接器，四周间隙为 0.20mm，孔口倒斜角，如图 6-73 所示。

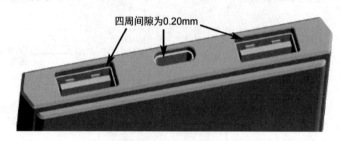

图 6-73　在塑胶上壳上切孔避让连接器

（6）由于在 PCBA 上设计了两个限位柱用来定位，PCB 与塑胶上壳的四周间隙应不小于 0.20mm，以防由于制造公差导致 PCB 装配过紧，如图 6-74 所示。

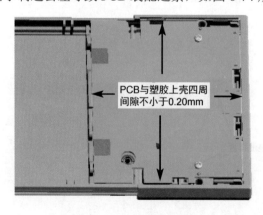

图 6-74　PCB 的四周间隙

（7）SSD 硬盘通过连接器与 PCB 连接，这种连接方式会造成 SSD 硬盘轻微晃动，为了防止 SSD 硬盘由于晃动造成损坏，设计 1 个螺钉将 SSD 硬盘固定在塑胶上壳上，螺钉规格为 PWB1.70×4.0mm，介子头直径为 5.00mm，如图 6-75 所示。

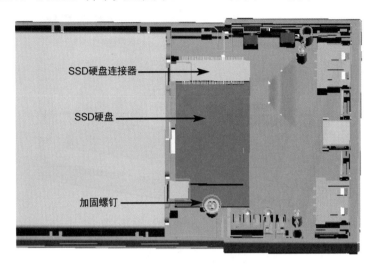

图 6-75　SSD 硬盘加固

（8）此款多功能私人云盘采用聚合物锂电池，型号为 906090（厚度为 9.00mm，宽度为 60.00mm，长度为 90.00mm），容量为 6000mAh，电池规格如 6-76 所示。

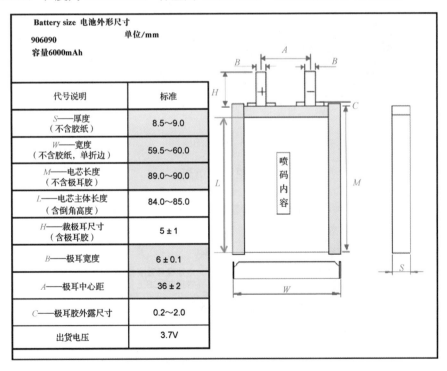

Battery size 电池外形尺寸 906090 容量6000mAh	单位/mm	
代号说明	标准	
S——厚度 （不含胶纸）	8.5～9.0	
W——宽度 （不含胶纸，单折边）	59.5～60.0	
M——电芯长度 （不含极耳胶）	89.0～90.0	
L——电芯主体长度 （含倒角高度）	84.0～85.0	
H——裁极耳尺寸 （含极耳胶）	5±1	
B——极耳宽度	6±0.1	
A——极耳中心距	36±2	
C——极耳胶外露尺寸	0.2～2.0	
出货电压	3.7V	

图 6-76　电池规格

电池需要牢固的限位，不能在壳子内松动，也不能受到挤压，以防破损、漏液，从而引起安全隐患。电池四周限位间隙设计为 0.10mm，如图 6-77 所示。

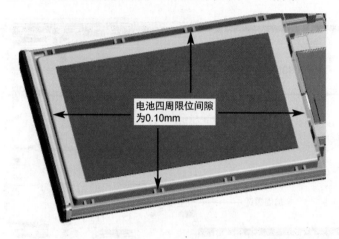

图 6-77　电池的限位

用双面胶将电池底部固定在塑胶上壳上，顶面用 EVA 泡棉保护，如图 6-78 所示。

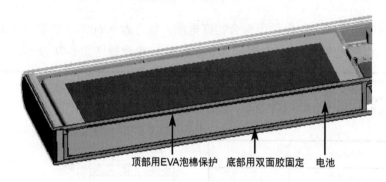

图 6-78　电池的固定

将电池极耳直接焊接在 PCB 上，如图 6-79 所示。

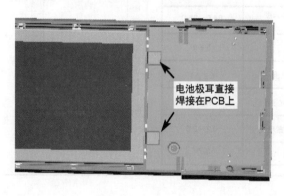

图 6-79　电池极耳焊接

技巧提示

电池与 PCB 的连接，常有以下几种方式：

① 电池极耳直接焊接，优点是经济且简单；缺点是焊接牢固度差一些，容易假焊，且极耳容易折断，生产时需要加强控制及检测。

② 通过电池引线焊接，优点是焊接牢固；缺点是增加焊接的工时。

③ 通过连接器连接，连接器焊接在 PCB 上。优点是装配简单，但要求产品内部能有足够空间，成本也会增加。

④ 通过 POGO PIN 弹簧顶针连接，优点是装配简单，但会增加成本。

以上几种方式，具体选择哪一种连接方式要根据产品需求和内部空间的大小来选择，电池极耳直接焊接与通过电池引线焊接这两种方式应用最多，也最普遍。通过连接器连接的方式在需要互换电池的产品中应用最多，如能互换电池的手机产品等。

（9）除螺钉固定外，PCBA 底部还要用骨位支撑，防止变形、塌陷、断裂，如图 6-80 所示。

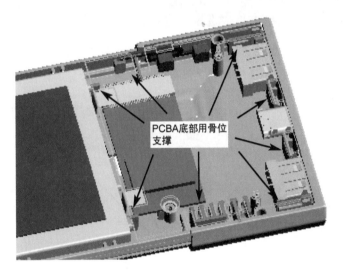

图 6-80　PCBA 底部用骨位支撑

6.5.5　按键结构设计要点讲解

（1）从塑胶上壳的里面安装按键，为防止掉出，在按键周边设计裙边，裙边尺寸为 0.80mm，厚度为 0.70mm，如图 6-81 所示。

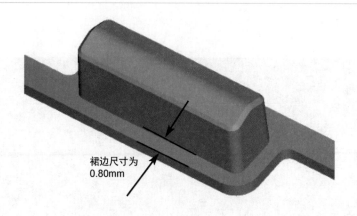

图 6-81　按键的裙边尺寸

📋 **技巧提示**

> 　　按键的裙边尺寸是相对于按键外形尺寸而言的,是指比按键外形尺寸大出来的那部分尺寸。裙边尺寸没有统一的要求, 内部空间大裙边尺寸适当设计大一些, 内部空间小裙边尺寸就设计小一些, 但建议不小于 0.40mm。

　　(2) 按键的固定需要设计 2 个悬臂梁, 悬臂梁厚度为 0.70mm, 悬臂梁通过两侧的挂钩固定在塑胶上壳上, 如图 6-82 所示。

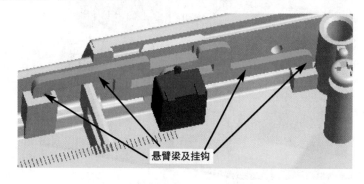

悬臂梁及挂钩

图 6-82　悬臂梁的固定

📋 **技巧提示**

> 　　悬臂梁利用塑料的塑性及韧性,主要作用是给按键提供变形的空间。悬臂梁厚度不宜过大, 建议尺寸为 0.60～0.80mm。悬臂梁长度不宜过短, 否则起不到弹性变形的作用, 建议尺寸不小于 4.00mm。

　　(3)PCB 上的按键元件采用侧贴的方形轻触开关,方形轻触开关外形尺寸为 4.50mm×

4.50mm，高度为 4.30mm，按键元件行程为 0.25mm，如图 6-83 所示。

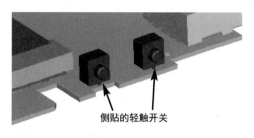

图 6-83　侧贴的轻触开关

（4）按键与塑胶上壳间隙为 0.05mm，与 PCB 的按键元件间隙为 0.05mm，按键结构剖面图如图 6-84 所示。

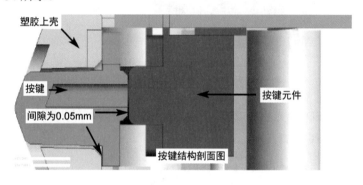

图 6-84　按键结构剖面图

（5）复位按键元件也采用侧贴的方形轻触开关，方形轻触开关外形尺寸为 4.50mm×4.50mm，高度为 4.30mm，按键元件行程为 0.25mm。

一般不会经常使用复位按键，只有在产品功能异常或者需要恢复出厂设置时才使用复位按键，在进行结构设计时要避免平时使用时误触。

为防止误触，在复位按键结构上设计一个通孔即可，直径为 1.20mm，需要复位时可用一个小圆针通过此孔触发按键，如图 6-85 所示。

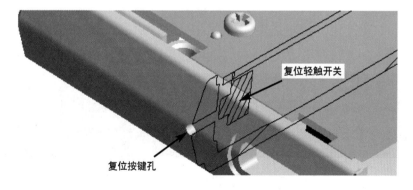

图 6-85　复位按键孔

6.5.6 导光柱结构设计要点讲解

（1）此款多功能私人云盘有五个 LED，其中四个 LED 是电池的电量显示灯，每一个 LED 代表 25%的电量；另外一个 LED 是产品状态指示灯。LED 直接发出的光是自然散乱的，需要设计导光结构，给此款产品设计一个导光柱，导光柱采用透明 PC 塑料，导光柱位于 LED 上方，光线向上传导，如图 6-86 所示。

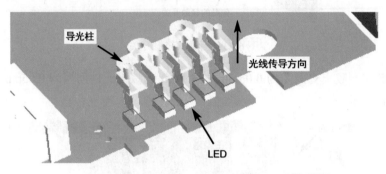

图 6-86　导光柱与 LED

（2）为了防止 LED 串光，在 LED 之间设计遮光结构，在塑胶上壳设计长骨位隔开 LED，同时起到支撑 PCB 的作用，如图 6-87 所示。

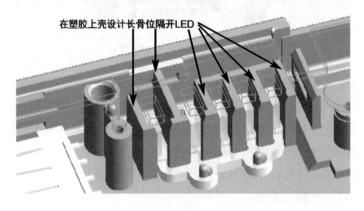

图 6-87　遮光设计

技巧提示

　　遮光要用黑色，由于塑胶上壳是黑色的，所以直接利用长骨位隔开 LED，就能起到防止串光的作用。如果塑胶上壳不是黑色的，如白色，遮光效果并不好，需要设计一个黑色 EVA 泡棉用来遮光。

（3）将导光柱通过两个热熔柱固定在塑胶上壳内，热熔柱直径为 0.80mm，周边间隙为 0.05mm，如图 6-88 所示。

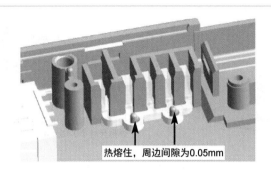

图 6-88　导光柱的固定

（4）导光柱外露圆柱部分与相配合的塑胶上壳开孔均需要拔模，拔模角度约为 3°，拔模后二者间隙为 0.02mm，如图 6-89 所示。

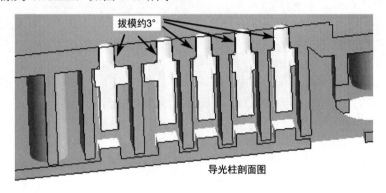

图 6-89　导光柱拔模

6.5.7　底面盖板结构设计要点讲解

（1）底面盖板材料为 PC 片材，厚度为 1.00mm，不需要透光，整个背面需要丝印黑色，采用双面胶固定，如图 6-90 所示。

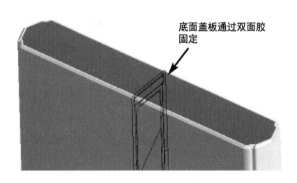

图 6-90　底面盖板的固定

（2）底面盖板的双面胶采用 3M9495MP，厚度为 0.125mm，双面胶外形尺寸比底面盖板外形尺寸单边小 0.15mm，如图 6-91 所示。

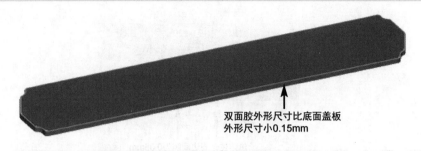

双面胶外形尺寸比底面盖板
外形尺寸小0.15mm

图 6-91　双面胶尺寸

 技巧提示

> 3M9495MP 是 3M 公司 3M 双面胶中一款 PET 基材双面胶，属于 3M200MP 系列双面胶，由透明 PET 双面涂布丙烯酸胶制成，胶带颜色为透明，规格为 1372MM×55M×0.125MM。
>
> 3M9495MP 黏性好，易模切加工，具有良好的尺寸稳定性、热稳定性、化学稳定性。
>
> 3M9495MP 对塑胶、橡胶、五金铭牌均有良好的黏性；能适用于更宽的温度范围和恶劣环境；离型纸为聚合物涂层防湿牛皮纸，在高湿度条件下也不会发生皱褶；长期耐温达 121℃，短期耐温可达 149℃。
>
> 3M9495MP 由于适中的厚度和优良的性能，广泛应用于数码电子类产品、消费类电子产品、手机类产品等领域，尤其适合粘贴镜片、铭牌、装饰件等物品。

6.6　产品结构设计总结

6.6.1　检查功能需求

现在统一检查这款多功能私人云盘与结构相关的功能需求是否设计完成：

（1）两个 USB 接口输出。

检查结果：结构已设计完成。

（2）一个 Type-C 输入兼输出，要具有数据传输及充电功能。

检查结果：结构已设计完成。

（3）电芯为聚合物锂电池，容量为 6000mAh，电芯选择通用的型号及规格。

检查结果：结构已设计完成，电池型号为 906090，容量为 6000mAh，属于通用的型号。

（4）外形由铝合金与塑胶搭配构成。

检查结果：结构已设计完成。

（5）四个蓝色电池容量指示灯，一个红白双色产品状态指示灯。

检查结果：结构已设计完成，已设计导光结构。

（6）一个电源开关键。

检查结果：结构已设计完成。

（7）产品外观颜色有金黑、白黑、红黑。

检查结果：结构已设计完成，外观颜色通过表面处理实现。

（8）一个复位按键。

检查结果：结构已设计完成。

（9）内置容量为 100G 的 SSD 硬盘。

检查结果：结构已设计完成，SSD 硬盘已固定。

（10）产品外形美观，定位为中高档。

检查结果：结构已设计完成，外观为铝合金氧化，塑胶喷涂。

6.6.2 易出的问题点总结及解决方案

已讲解完这款多功能私人云盘从 ID 效果图分析到结构重点这部分内容，还有一些容易出问题的地方，在进行结构设计时要重点注意。

（1）铝合金外壳与塑胶接合面容易产生段差，造成刮手，如图 6-92 所示。

原因分析：

① 铝合金外壳与塑胶接合面位于产品长度的三分之一处，这种接合面很容易产生段差。

② 铝合金外壳与塑胶的变形会产生段差。

③ 铝合金外壳与塑胶的尺寸公差会产生段差。

④ 结构设计不合理，也会产生段差。

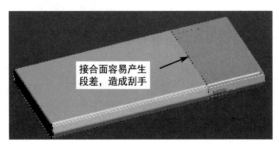

图 6-92 接合面容易产生段差

解决方案：

① 铝合金外壳厚度不能过薄，为防止在热处理及后续 CNC 加工、氧化时变形，建议此类产品的铝合金外壳厚度不小于 1.20mm。

② 在进行结构设计时要将铝合金外壳完全固定，每个方向都不能移动，防止错位造成段差，引起刮手。

③ 在铝合金外壳与塑胶的接合处设计美工线，美工线宽为 0.20mm，深为 0.15mm，如图 6-93 所示。

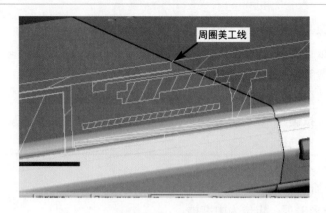

图 6-93 美工线

（2）铝合金外壳边缘锋利，容易刮手，导致受伤，如图 6-94 所示。

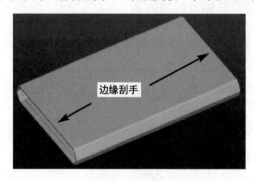

图 6-94 铝合金外壳边缘刮手

原因分析：

① 锯断铝合金会造成边缘锋利，且容易产生毛刺。

② 抛光时没有处理利边。

③ 喷砂太细，不足以钝化利边。

解决方案：

① 对铝合金外壳增加 CNC 高光亮边工艺，这样既可以美化外观，又可以去除利边，如图 6-95 所示。

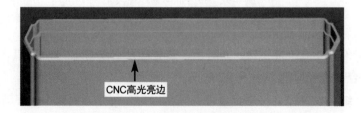

图 6-95 CNC 高光亮边工艺

② 对铝合金外壳与塑胶壳接合面的利边增加小圆角，防止刮手。小圆角可以通过

CNC 加工实现，也可以通过抛光工艺实现，如图 6-96 所示。

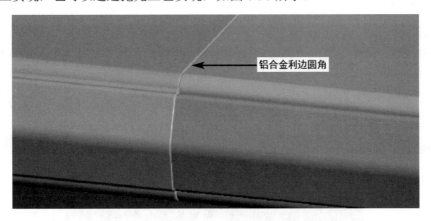

图 6-96　铝合金利边圆角处理

（3）很多带电池的电子产品在使用过程中经常遇到无法开机的问题，很大一部分原因是电池松动引起焊盘松脱，造成掉电。

原因分析：

① 电池焊接不牢固。

② 电池本身质量差。

③ 电池固定不牢固。

解决方案：

① 加强对电池焊接人员的培训，并增加品质检验的频率及次数。

② 对于电子产品来说，电池很重要，要选用质量有保证的电池。

③ 在进行结构设计时要将电池完全固定，每个方向都不能移动。对于不需要拆卸的电池，底面可采用双面胶固定，顶面用 EVA 泡棉预压固定，如图 6-97 所示。

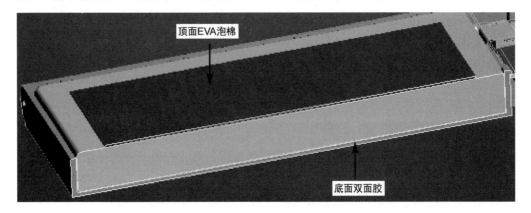

图 6-97　电池底面及顶面的固定

技巧提示

> 双面胶的主要作用是防止电池移动，虽然双面胶尺寸大一些可使固定更牢固，但在实际生产中，固定电池的双面胶尺寸不宜过大，因为在生产中经常需要返修，双面胶粘太紧电池很难取下来，容易造成电池损坏、报废。建议在电池的中间位置贴一小条双面胶即可，双面胶采用普通双面胶，黏性也不需要太强。
>
> 电池固定也可以不用双面胶，底面与顶面都采用 EVA 泡棉预压固定。

④ 电池焊盘可以用易拆的胶水加固，防止松脱，如图 6-98 所示。

图 6-98　电池焊盘可用胶水加固

（4）带有存储设备的产品，容易发生读取不到 SSD 硬盘数据的情况。

原因分析：

① SSD 硬盘损坏。

② SSD 硬盘松脱，造成接触不良。

③ 结构设计不合理，造成 SSD 硬盘移动。

④ SSD 硬盘连接器损坏或者松脱。

解决方案：

① 如果 SSD 硬盘损坏，则需要更换新的 SSD 硬盘。

② 在进行结构设计时要将 SSD 硬盘完全固定，每个方向都不能移动，本产品采用螺钉固定 SSD 硬盘，如图 6-99 所示。

③ 在 SSD 硬盘与连接器接合处，采用胶水加固，防止松脱，胶水可以采用黄胶，如图 6-100 所示。

④ SSD 连接器焊盘可以采用胶水加固，防止松脱，如图 6-101 所示。

图 6-99　螺钉固定 SSD 硬盘

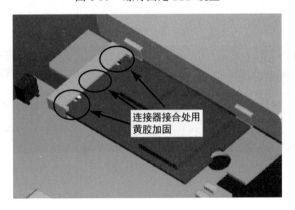

图 6-100　连接器接合处加固

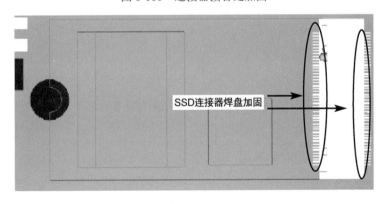

图 6-101　SSD 连接器焊盘用胶水加固

6.6.3　知识点总结

这款多功能私人云盘涉及的结构知识点主要有以下几点：

（1）铝合金外壳结构设计。

（2）铝合金外壳与塑胶接合的相关知识点。

（3）SSD 硬盘及存储产品的设计。

（4）按键的结构设计。

（5）导光柱的结构设计。

（6）复位按键的结构设计。

（7）铝合金挤压加工的相关知识点。

（8）铝合金型材产品加工及表面处理流程讲解。

（9）透明盖板的相关结构知识点。

（10）电池与 PCB 的连接及固定。

（11）塑胶下壳与塑胶上壳的结构设计。

（12）易出的问题点分析及解决方案。

📋 **技巧提示**

> 已讲解完这款多功能私人云盘的结构设计要点，读者在学习这一章内容时，要学会融会贯通，举一反三。学习的目的不仅仅是让大家学会设计类似的多功能私人云盘，更重要的是学会较复杂产品的设计思路、设计理念。结构设计是相通的，不管什么行业、什么产品，设计方法及设计思路大同小异。

三防产品设计全解析

本章导读：

7.1 三防产品概述及思路

7.1.1 三防产品概述

经常听说三防产品，三防产品具体防什么呢？

常说的三防产品是指具有防水、防尘、防震功能的产品。

产品为什么要设计三防呢？

三防反映了产品防潮和防尘的能力，特别是户外活动中，免不了处于高湿或多尘沙的恶劣环境中，产品的密封和防水能力对于保证产品的安全运转和寿命至关重要。其主要原因是灰尘和水对产品会产生破坏并导致其功能失效。

灰尘与水对产品的危害主要有以下几点：

（1）灰尘对产品的危害。

① 灰尘的沉积会阻碍和磨损产品内部的零部件。

② 灰尘会腐蚀产品内部表面。

③ 灰尘会改变产品内部的电气性能，引起产品故障。

④ 灰尘会附着水汽，促进产品零件的腐蚀和引起霉菌的生长。

⑤ 灰尘会加速设备的损耗。

⑥ 灰尘的沉积会影响产品的运动精度。

（2）水对产品的危害。

① 水会引起产品短路，导致产品损坏。

② 水会引起产品零件的腐蚀。

③ 水会产生雾气，影响产品的清晰度。

三防产品主要应用领域如下：

（1）生活中使用频率很高，但会经常接触到水的产品，如手表、电动牙刷等。

（2）户外使用的产品，如户外移动电源、户外 LED、户外机箱等。

（3）需要水洗的产品，如剃须刀、洁面仪等。

（4）其他要求防水的产品，如手机等。

7.1.2 防护等级 IPXX 概述

不同的国家对防护等级的规定细则虽然不一样，但基本内容都相差不大，比较通用的是国际电工委员会制定的标准 IEC 60529，我国的 GB/T 4208—2017《外壳防护等级（IP代码）》标准也是参照 IEC 60529：2013 标准制定的，可以等同使用。

📋 **技巧提示**

国际电工委员会(International Electrotechnical Commission，IEC)成立于1906年，是世界上成立最早的非政府性国际电工标准化机构，是联合国经社理事会(ECOSOC)的甲级咨询组织。

国际电工委员会的标准 IP 防护等级由两个数字组成，第一个数字表示防尘、防止外物侵入的等级，第二个数字表示防湿气、防水侵入的密闭程度。等级越高，防护能力越强，其等级分别如下：

（1）防尘等级一共分为 6 个级别，分别从 IP1 至 IP6，防尘能力依次增强。IP0 表示完全不防尘。具体防尘等级说明如表 7-1 所示。

表 7-1 防尘等级说明

数　字	防　护　范　围	说　　明
0	无防护	对外界的人或物没有特殊的防护
1	防止直径不小于 50mm 的固定异物	直径 50mm 的球形物体试具完全不得进入壳内
2	防止直径不小于 12.5mm 的固定异物	直径 12.5mm 的物体试具完全不得进入壳内
3	防止直径不小于 2.5mm 的固定异物	直径 2.5mm 的物体试具完全不得进入壳内
4	防止直径不小于 1.0mm 的固定异物	直径 1.0mm 的物体试具完全不得进入壳内
5	防尘	不能完全防止尘埃进入，但进入的灰尘量不得影响产品的正常运行，不得影响安全
6	尘密	无灰尘进入

（2）防水等级一共分为 9 个级别，分别从 IPX1 至 IPX9，防水能力依次增强。IPX0 表示完全不防水。具体防水等级说明如表 7-2 所示。

表 7-2 防水等级说明

数　字	防　护　范　围	说　　明
0	无防护	对水与湿气没有特殊的防护
1	防止垂直方向滴水	防止垂直方向落下的水滴（如凝结水），滴水不会对产品造成有害影响
2	防止当外壳在 15°倾斜时垂直方向滴水	当产品由垂直倾斜 15°时，滴水不会对产品造成损害
3	防淋水	防雨或产品的垂直面在 60°范围内淋水，无有害影响
4	防溅水	液体由任何方向溅到产品外壳无有害影响
5	防喷水	液体由任何方向喷到产品外壳无有害影响,如冲洗外壳不能对产品造成有害影响
6	防强烈喷水	向产品外壳各个方向强烈喷水无有害影响
7	防短时间浸水影响	产品浸入水中一定时间或水压在一定的标准以下,可确保不因浸水而造成损坏。顶部距离水面 0.15～1 米,连续 30 分钟,产品性能不受影响,不漏水

续表

数　字	防护范围	说　　明
8	防持续浸水影响	产品无限期沉没在指定的水压下，可确保不因浸水而造成损坏。顶部距离水面 1.5~30 米，连续 30 分钟，产品性能不受影响，不漏水
9	防高温/高压喷水的影响	向外壳各方向喷射高温/高压水无有害影响

技巧提示

　　从表 7-2 可以得到，对于大部分产品，生活防水就足够，选用防水等级 IPX4 即可。但对于需要在水下使用的产品，如防水相机等，防水等级要达到 IPX8。防水等级 IPX9 要求最高，但很少使用，因为高温及高压本身会对大部分产品产生破坏作用，只有特殊要求的产品才使用防水等级 IPX9。

举例说明 IP68 的含义：
① IP 为防护等级的标记字母。
② 第一个数字为 6，表示防尘的等级，说明能完全阻止灰尘进入产品内部。
③ 第二个数字为 8，表示防水的等级，说明能防持续浸水的影响。

IP68 是比较高的防护等级，大部分产品达不到这个等级，只适用于专业的防水产品与户外产品，对设计要求也很高。

7.1.3　影响防护性能的因素

　　三防产品最主要的功能就是防水，尤其户外产品，防水至关重要。在产品实际使用过程中，要了解影响产品防水性能的各种因素，并加以防范。

　　影响防水性能的主要因素有以下几点。

（1）太阳的照射。

太阳光中的紫外线会对产品造成破坏，并加速产品外壳的老化，产品在长时间紫外线的照射下，寿命会降低。

紫外线会使产品塑胶外壳变脆、变软、开裂，产生缝隙，水汽会通过缝隙进入产品内部，腐蚀产品内部的零部件。

紫外线会使产品的粘胶失去作用，导致黏合件脱落，影响防水性能。

紫外线会使产品的密封圈老化变形，导致密封性降低，影响防水性能。

（2）温度的变化。

温度的变化尤其高低温的突变会对产品防水性能产生较大的影响。

户外温度每天变化很大，冬季最低温度可达 0℃以下，夏季最高温度可达 50℃以上。尤其夏季，白天太阳照射温度很高，到了晚上温度可降至 20℃以下，温度相差很大。冬季冰层附着在产品的表面，增加了产品的承重。

290

温度的变化加速了产品外壳的老化，导致产品变脆、变形、开裂，从而影响产品的防水性能。

（3）热胀冷缩的影响。

温度的变化还会导致产品材料的热胀冷缩，不同的材料其膨胀系数不一样，两种材料在接合处会出现变形及位移，热胀冷缩不断重复，导致材料变形及位移增加，从而产生缝隙，缝隙会导致产品的防水性能降低。

温度升高，在巨大的负压作用下，空气通过产品材料上的微小缝隙渗透到产品内部后，遇到温度较低的内部零件，冷凝成水珠并聚集。温度降低后，在正压的作用下，空气从产品内部排出，但水滴仍附着在产品内部零件上。每天重复温度变化的呼吸过程，产品内部积水越来越多，积水的增加会导致产品内部短路，造成零件损坏。

举例说明：本人曾设计一款户外紫外线检测仪，内置锂电池，用太阳能板采集太阳能充电，外壳采用铝合金，整个产品达到 IP68 防护等级。在产品的实测阶段，发现一个很大的问题，产品在使用一段时间后失去功能了。拆机前发现外壳都是完好的，但拆开后发现产品内部有很多水。产品测试期间没有下过雨，排除了雨水的可能，最后分析认为产品内部的水是温度的变化导致材料热胀冷缩空气凝结成的水珠积累而成的，水珠造成产品短路，损坏产品。

（4）恶劣的环境。

将产品置于恶劣的环境中容易导致其防护性能降低，如强酸、强碱环境会使产品表面慢慢腐蚀，并加速材料的老化，时间久了，会导致产品的损坏。

7.2　IPXX 等级中关于防水实验的规定

实验推荐的环境条件如下。

温度范围：15℃～35℃。

相地湿度：25%～75%。

大气压力：86kPa～106kPa(860mbar～1060mbar)。

7.2.1　IPX 1 防水实验的规定

方法名称：垂直滴水实验。

实验设备：滴水实验装置。

试样放置：按试样正常工作位置将试样摆放在以 1r/min 的旋转样品台上，样品顶部至滴水口的距离不大于 200mm。

实验条件：滴水量为 10.5mm/min。

实验时间：10min。

7.2.2　IPX 2 防水实验的规定

方法名称：倾斜 15°滴水实验。

实验设备：滴水实验装置。

试样放置：使试样的一个面与垂线成 15°角，样品顶部至滴水口的距离不大于 200mm。每做完一个面的实验后，换另一个面，共进行四次实验。

实验条件：滴水量为 30.5mm/min。

实验时间：每个面用时 2.5min，四个面共需 10min。

7.2.3　IPX 3 防水实验的规定

方法名称：淋水实验。

实验方法：共两种实验设备，按相关产品标准的规定，选择其中一个设备进行实验。

（1）摆管式淋水实验。

实验设备：摆管式淋水溅水实验装置。

试样放置：选择适当半径的摆管，使样品台面高度处于摆管直径位置上，将试样放在样台上，使其顶部到样品喷水口的距离不大于 200mm，样品台不旋转。

实验条件：水流量按摆管的喷水孔数计算，每孔为 0.07L/min，淋水时，将摆管中点两边各 60°弧段内喷水孔的水喷向样品，被试样品放在摆管半圆中心。摆管沿垂线两边各摆动 60°，每次摆动(共摆动 2×120°)时间约为 4s。

实验时间：连续淋水 10min。

（2）喷头式淋水实验。

实验设备：手持式淋水溅水实验装置。

试样放置：使试样顶部到手持喷头喷水口的平行距离为 300~500mm。

实验条件：实验时应安装带平衡重物的挡板，水流量为 10L/min。

实验时间：按被检样品外壳表面积计算，每平方米用时 1min（不包括安装面积），最少为 5min。

7.2.4　IPX 4 防水实验的规定

方法名称：溅水实验。

实验方法：

（1）摆管式溅水实验。

实验设备：摆管式淋水溅水实验装置。

试样放置：与上述 IPX 3 之（1）相同。

实验条件：除后述条件外，其他条件与上述 IPX 3 之（1）均相同；将摆管中点两边各 90°弧段内喷水孔的水喷向样品，被试样品放在摆管半圆中心。摆管沿垂线两边各摆动

180°，共约 360°。每次摆动（2×360°）时间约为 12s。

实验时间：与上述 IPX 3 之（1）均相同（10min）。

（2）喷头式溅水实验。

实验设备：与上述 IPX 3 之（2）相同。

试样放置：与上述 IPX 3 之（2）相同。

实验条件：拆去设备上安装带平衡重物的挡板，其余与上述 IPX 3 之（2）均相同。

实验时间：与上述 IPX 3 之（2）均相同，即按被检样品外壳表面积计算，每平方米用时 1min（不包括安装面积），最少为 5min。

7.2.5 IPX 5 防水实验的规定

方法名称：喷水实验。

实验设备：喷嘴的喷水口内径为 6.3mm。

实验条件：使实验样品至喷水口的距离为 2.5m～3m，水流量为 12.5L/min（750L/h）。

实验时间：按被检样品外壳表面积计算，每平方米用时 1min（不包括安装面积），最少为 3min。

7.2.6 IPX 6 防水实验的规定

方法名称：强烈喷水实验。

实验设备：喷嘴的喷水口内径为 12.5mm。

实验条件：使实验样品至喷水口的距离为 2.5m～3m，水流量为 100L/min（6000L/h）。

实验时间：按被检样品外壳表面积计算，每平方米用时 1min（不包括安装面积），最少为 3min。

7.2.7 IPX 7 防水实验的规定

方法名称：短时浸水实验。

实验设备：浸水箱。

实验条件：浸水箱尺寸应使实验样品放进浸水箱后，样品底部到水面的距离至少为 1m。实验样品顶部到水面距离至少为 0.15m。

实验时间：30min。

7.2.8 IPX 8 防水实验的规定

方法名称：持续潜水实验。

实验设备、实验条件和实验时间：由供需（生产厂家与客户）双方协商确定，其严格程度要比 IPX 7 高，并且要考虑到实际使用中产品持续潜水的要求。

7.2.9 IPX 9 防水实验的规定

方法名称：水流喷射实验。

实验方法：

（1）小型外壳（最大尺寸不超过 250mm）喷射实验。

实验设备：小型外壳喷射装置。

试样放置：小型外壳安装在专用的测试装置上，转速为（5±1）r/min，喷射角度为 0°、30°、60°、90°。

实验时间：每个位置测试时间为 30s。

（2）大型外壳（最大尺寸大于或等于 250mm）喷射实验。

实验设备：大型外壳喷射装置。

试样放置：大型外壳安装在专用的测试装置上，喷嘴与被试样品间的距离为（175±25）mm，从各个方向喷射覆盖外壳整个表面，并且喷射角度应尽可能垂直于喷射表面。

实验时间：按外壳可计算面积算（包括任何安装表面），实验的持续时间是 1min/m²，最少为 3min。

7.3 防水工艺与技术讲解

防水的主要思路是"堵"与"导"。

"堵"就是将水及水汽隔离在产品的外部，防止水及水汽进入产品内部，如采用软性橡胶圈防水，如图 7-1 所示，采用硅胶圈，通过过盈预压硅胶圈，将水及水汽阻隔在产品外部。

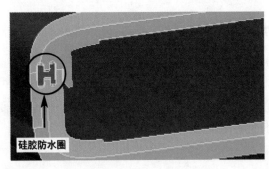

图 7-1 硅胶防水圈

"导"主要是将水沿着斜面、导流槽或者泄流孔快速地排走，以免水流聚集，渗进产品内部。如户外机箱顶部斜面及带檐的设计，主要作用就是使雨水快速地流走，避免雨水聚集在顶部从而腐蚀产品表面，如图 7-2 所示。

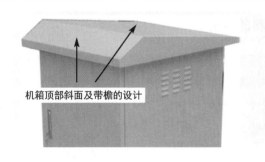

机箱顶部斜面及带檐的设计

图 7-2　机箱顶部斜面及带檐的设计

技巧提示

　　在产品设计中,"堵"还是"导"要结合实际的产品来选择,"堵"与"导"也可以结合使用。如防水键盘采用"堵"和"导"二者相结合的方式来防水,如果使用者不小心将水或者其他液体洒在键盘上,液体会沿着导流槽朝泄流孔方向排走,同时键盘内部会采用密封的方式防止液体流进产品内部,"堵"和"导"二者相结合,使产品真正防水,如图 7-3 所示。

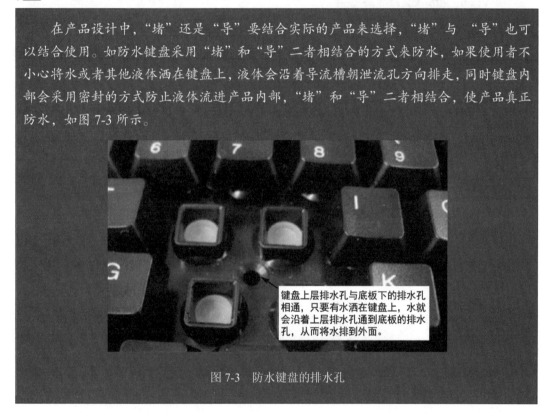

键盘上层排水孔与底板下的排水孔相通,只要有水洒在键盘上,水就会沿着上层排水孔通到底板的排水孔,从而将水排到外面。

图 7-3　防水键盘的排水孔

7.4　防水方法及材料讲解

　　在产品结构设计中,常用的防水方法有压缩软性材料(如"O 形"防水圈)、覆盖防水尘(如刷防水漆)、灌封胶(如灌封防水胶)、粘贴及点胶(如贴防水胶、防水膜、防水泡棉等)。

7.4.1 压缩软性材料的方法

压缩软性材料是指挤压型密封，利用软性塑料的弹性变形特性，用硬质材料的外壳将软性材料挤压成过盈状态，从而实现防水与密封。

常用的软形材料有橡胶、硅胶、TPU、TPE、PVC 等。材料不同，硬度不同；同一种材料，也有不同的硬度等级。

图 7-4 "O 形密封圈"

（1）"O 形密封圈"。

"O 形密封圈"是最常用的一种密封方式，"O 形密封圈"是一种截面为圆形的橡胶密封圈，因其截面为 O 形，故称"O 形橡胶密封圈"，也称"O 形圈"，如图 7-4 所示。

"O 形密封圈"结构简单、成本较低、安装容易、功能可靠、材料多样，根据不同的产品可以选择不同的材料。

"O 形密封圈"的材料有丁腈橡胶（NBR）、氟橡胶（FKM）、硅橡胶（VMQ）、乙丙橡胶（EPDM）、氯丁橡胶（CR）、丁基橡胶（BU）、聚四氟乙烯（PTFE）、天然橡胶（NR）等，"O 形密封圈"材料特性如图 7-5 所示。

物质名称 物性等级 物性要求	丁腈橡胶 NBR （N）	氢化丁腈橡胶 HNBR （H）	三元乙丙橡胶 EPDM （E）	硅矽橡胶 VMQ （S）	氯丁橡胶 CR （C）	氟素橡胶 FKM （V）	四丙氟橡胶 AFLAS （L）	氟硅橡胶 FVMQ （F）	全氟橡胶 FFKM （K）	聚四氟乙烯 PTFE （F）	聚氨酯 PU （U）	天然橡胶 NR （R）	丙烯酸酯 ACR （A）
抗臭氧性	△	◎	◎	◎	○	○◎	◎	◎	◎	◎	◎	×	◎
耐候性	○	◎	◎	◎	○	○	◎	◎	◎	◎	◎	×	◎
抗热性	120℃	150℃	150℃	220℃	120℃	200℃	175℃	175℃	320℃	280℃	90℃	90℃	150℃
耐化学药品性	○△	○	◎	◎	○	○○	○△	○	◎	◎	○	×	×
耐油性	◎	◎	×	○△	○△	◎	○	◎◎	◎	◎	◎	×	◎
密水性	○	○	○	○	○	○	○	○	△	○	○	○	○
耐寒性	-40℃	-40℃	-50℃	-70℃	-40℃	-20℃	-30℃	-60℃	-20℃	-100℃	-40℃	-60℃	-25℃
耐磨损性	○	◎○	○	×	○	◎○	○	×	○	○	◎	◎○	△
抗变形性	◎○	○	◎○	◎	△	○	◎	◎	○	×	×	◎○	△
耐酸性	△	○	◎○	△	○	○	◎	○	○	◎	△	○△	△×
耐碱性	○	○	◎○	○	○	○	◎	○	○	◎	△	○	×
张力强度	◎○	◎	○	×	◎○	○	○	○	◎○	△×	◎	◎	△
耐水蒸气性	×	○△	◎○	○△	△	○△	○△	○	○△	◎	×	×	○
抗燃性	×	×	×	△×	○	○	○	△×	◎	○	△	△	△×

图标说明：◎特佳　○佳　△普通　×差

图 7-5 "O 形密封圈"材料特性

"O 形密封圈"适合安装在各种机械设备上，在规定的温度、压力及不同的液体和气体介质中，在静止或运动状态下起密封作用。在机床、船舶、汽车、航空航天设备、冶金机械、化工机械、工程机械、建筑机械、矿山机械、石油机械、塑料机械、农业机械及各类仪器仪表上，各种类型的"O 形密封圈"被大量应用。

"O 形密封圈"主要用于静止密封和往复运动密封，用于旋转运动密封时，仅限于低速回转密封装置。"O 形密封圈"一般安装在外圆或内圆上截面为矩形的沟槽内起密封作用，如图 7-6 所示。

图 7-6 "O 形密封圈"的应用

"O 形密封圈"在耐油、酸碱、化学侵蚀等环境中依然起到良好密封、减震作用。因此，"O 形密封圈"是液压与气压传动系统中使用最广泛的一种密封件。

（2）硅橡胶材料。

硅橡胶材料也是经常使用的一种防水和密封材料，硅胶具有高机械强度、无毒无味等特性，广泛应用于与食品相关的产品中，如作为防水圈应用于各种水龙头及接头中，如图 7-7 所示。

图 7-7 水龙头中的硅胶防水圈

采用硅胶过盈紧配，还可用于气体的密封，防止漏气。如图 7-8 所示，呼气式酒精测试仪上的硅胶管与硬胶过盈紧配，实现气体的密封。

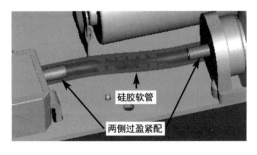

图 7-8 硅胶软管密封

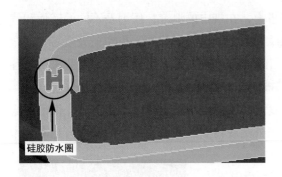
硅胶防水圈

图 7-9　硅胶防水圈

硅胶还经常用于三防产品的防水，通过硬质上壳及下壳的预压，将硅胶过盈压紧，实现产品的防水，如图 7-9 所示。

（3）软性材料的硬度。

硬度是物理学专业术语，代表材料局部抵抗硬物压入其表面的能力，是比较各种材料软硬的指标。

硬度可分为相对硬度和绝对硬度。绝对硬度一般在科学界使用，在生产实践中很少用到。我们通常使用的硬度为相对硬度，常用的表示方法有肖氏（也称邵氏、邵尔，英文为 SHORE)、洛氏、布氏三种。

邵氏硬度一般用于橡胶类和塑胶类材料。

邵氏硬度是指用邵氏硬度计测出的值，它的单位是"度"，其描述方法分为 A、D 两种，分别代表不同的硬度范围。

所以，一般来讲对于一个橡胶或塑料制品，在测试的时候，测试人员能根据经验进行测试前的预判，从而决定用邵氏 A 硬度计还是用邵氏 D 硬度计来进行测试。一般对于手感弹性比较大或者偏软的制品，测试人员可以直接判断用邵氏 A 硬度计测试，如硅胶、TPU、TPR 塑料膜袋等制品。而对于手感基本没什么弹性或者偏硬的制品，就可以用邵氏 D 硬度计进行测试，如 PC、ABS、PP 等制品。如果度数是邵氏 AXX，那么说明材料硬度相对不高；如果是邵氏 DXX，那么说明材料硬度相对较高。

不同的软性材料，硬度不同，同一种材料，也有不同的硬度等级。邵氏 A 硬度计测量范围为 0～100，表 7-3 所示为常用产品的硬度。

表 7-3　常用产品的硬度

产　品	邵氏A硬度计测量硬度/度
"O 形密封圈"	A60 ~ A70
轮胎外胎	A65
油封	A70 ~ A80
橡皮筋	A25 ~ A30
气球	A25 ~ A30
高压锅密封圈	A50 ~ A55
螺丝的胶塞	A70 ~ A80
密封性防水圈	A30 ~ A50
高尔夫球	A95
棒球	A90
垒球	A70
自行车内胎	A30
胶鞋	A60 ~ A65

7.4.2 覆盖防水层的方法

覆盖防水层就是在需要防水或者密封的物体上覆盖一层防水的材料，阻隔水及水汽的进入，这也是防水常用的方法。覆盖防水层的材料有普通的三防漆，也有纳米防水涂层，下面主要介绍纳米防水涂层。

（1）纳米防水涂层。

纳米是 nanometer 的译名，即毫微米，是长度的度量单位，国际单位制符号为 nm。1nm=10^{-9}m。1 纳米相当于 4 倍原子大小，比单个细菌的长度还要小得多。

纳米防水涂层的原理如同荷叶的构造，荷叶的表面布满微小的乳突，乳突的平均大小为 6～8μm，平均高度为 11～13μm，平均间距为 19～21μm。

在这些微小乳突之中还分布有一些较大的乳突，平均大小为 53～57μm，它们也是由 6～13μm 大小的微型突起聚在一起构成的。乳突的顶端均呈扁平状且中央略微凹陷。这种乳突结构用肉眼及普通显微镜是很难察觉的，通常被称作多重纳米和微米级的超微结构。这些大大小小的乳突和突起在荷叶表面上犹如一个挨一个隆起的"小山包"，"小山包"之间的凹陷部分充满空气，这样就在紧贴叶面上形成一层极薄、只有纳米级厚的空气层。

水滴最小直径为 1～2mm（1mm=1000μm），这相比荷叶表面上的乳突要大得多，因此，雨水落到叶面上后，隔着一层极薄的空气，只能与叶面上"小山包"的顶端形成几个点的接触，从而不能浸润到荷叶表面上，如图 7-10 所示。

图 7-10　水滴在纳米材料上

（2）纳米防水涂层主要应用于 PCB 的保护，拥有纳米防水涂层的 PCB 具有防水、防潮、防尘性能，并具有耐热、耐老化、耐盐雾等功能。

水在纳米防水涂层的 PCB 上会形成荷叶水珠效果，不会渗进 PCB 里，如图 7-11 所示。

图 7-11　防水涂层的比较

（3）纳米防水涂层的加工方式一般有浸涂、刷涂、淋涂、喷涂等。

批量生产时主要以浸涂方式加工，3～5s 即可取出晾干，5～10min 即可全部晾干。图 7-12 所示为采用浸涂方式加工纳米防水涂层。

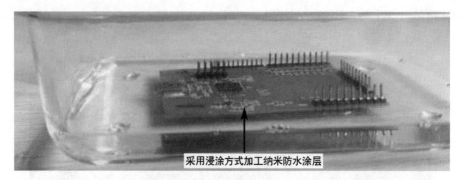

图 7-12　采用浸涂方式加工纳米防水涂层

图 7-13 所示为采用刷涂方式加工纳米防水涂层。

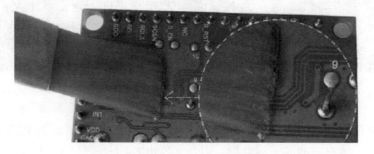

图 7-13　采用刷涂方式加工纳米防水涂层

7.4.3 灌封胶的方法

灌封胶是指将密封胶通过灌浇的方式淋在 PCB 上，将整个 PCB 都包裹起来，如图 7-14 所示。

图 7-14 灌封胶

（1）灌封胶是高分子精细复合型特殊材料，PCB 通过灌封胶工艺固化后可以减少元器件受外界环境条件的影响，提高元器件的稳定性与使用寿命，确保元器件在标准工作环境下良好运行。

灌封胶具有绝缘、防潮、防尘、防霉、防震、防漏电、防电晕、防腐蚀、防盐雾、防酸碱、防硫化、防老化、耐高低温冲击、耐高湿高温、阻燃等性能。

灌封胶种类非常多，从材质类型来分，使用最多、最常见的主要有环氧树脂灌封胶、有机硅树脂灌封胶、聚氨酯灌封胶三种。

（2）对 PCB 进行灌封胶工艺处理后，能起到很好的保护作用，可以防止元器件由于受到外力撞击松落，也能延长 PCB 的使用寿命。

但这种工艺的缺陷也很明显，拆卸非常困难，不利于电路板的维修，也不利于散热，对于发热量大的 PCB 不适用，如图 7-15 所示。

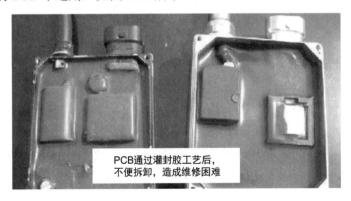

图 7-15 PCB 维修困难

7.4.4 粘贴及点胶的方法

（1）粘贴是指将防水泡棉双面胶、防水泡棉、防水透气膜等物料固定到产品上，主要应用于镜片、铭牌、电声器件等零件。

防水泡棉双面胶以超薄的 PE 泡棉为基材，两面涂以性能优异的低酸胶水，具有出色的耐气候性、耐久性、耐寒性、耐热性，并能粘接于各种粗糙表面，因此被广泛应用于防水及固定。

防水泡棉双面胶主要用于手机 TP 面板的粘接，LCD 模组与手机镜片的粘接，以及镜片与外壳的粘接，可达到 IPX7 级防水的要求。

（2）点胶是一种工艺，也称施胶、涂胶、滴胶等，是把胶水、油或者其他液体涂抹、点滴到产品上，让产品起到粘贴、绝缘、固定、表面光滑等作用。

点胶需要使用点胶机，点胶机又称涂胶机、滴胶机、打胶机等，是指专门对流体进行控制，并将流体点滴、涂覆于产品表面或产品内部的自动化机器。点胶机可实现三维、四维路径点胶，精确定位，精准控胶，不拉丝，不漏胶，不滴胶。

点胶机主要用于产品工艺中的胶水、油漆及其他液体点、注、涂、点滴到每个产品的精确位置，也可以用来实现打点、画线、画圆形或弧形。

点胶机款式及种类很多，图 7-16 所示为点胶机实物图。

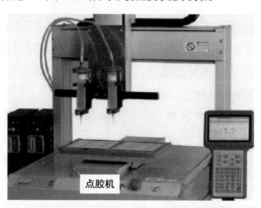

图 7-16　点胶机实物图

（3）防水物料中还有一种防水透声膜，是防水透气膜的一种，主要应用于声学领域，如听筒、喇叭的防水。

防水透声膜采用轻而薄的材料，能实现声音的传输，同时能将水阻离在外面。防水透声膜的优点主要有以下几点：

① 防水、防尘、防油污，防护等级能达到 IP68，使用防水透声膜的产品可持久屏蔽液体、昆虫、盐、沙子甚至灰尘等污染物，保护敏感的电子元件，提高其稳定性。

② 采用透声材料，把声音传输过程中的声损降至最低。

③ 防止水蒸气聚集成露。凝露会损坏敏感的电子设备，使用防水透声膜的产品允许

水蒸气通过微孔透气膜扩散，从而能极大限度地减少凝露现象。

④ 防水透声膜黏性极强的背胶，能在苛刻的环境中应用，并能牢牢黏附在各种产品表面。图 7-17 所示为听筒的防水透声膜。

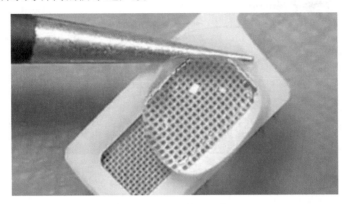

图 7-17　听筒的防水透声膜

7.5　iPhone 手机防水方法分析

苹果手机防水等级达到 IP68，集合了当前最先进的防水技术，分析其防水应用的各种方法，对设计防水产品有重要的参考价值。

7.5.1　iPhone 手机壳体防水分析

iPhone 手机外壳采用铝合金，与主屏组件黏合在一起，接合面是潜在的进水位置，水容易通过此处渗入产品内部，如图 7-18 所示。

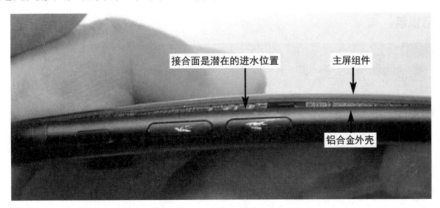

图 7-18　外壳潜在的进水位置

iPhone 手机采用粘胶方式来防水，拆开 iPhone 手机，发现四周都有一圈黑色的黏性物质，这些黏性物质将主屏组件与铝合金外壳紧密地连接在一起，并实现防水的功能，如

图 7-19 所示。

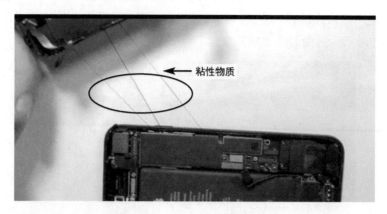

图 7-19　黏性物质防水

这种黏性物质是一种防水的热熔胶，能实现窄边框的连接，可以通过热熔与点胶的方式加工，如图 7-20 所示。

图 7-20　窄边框点胶

技巧提示

根据部件形状的不同，镜片与壳体的防水设计可采取的方式如下：

（1）结构热熔胶，一般采用聚氨酯 PUR 类热熔胶。

（2）防水双面胶，一般采用 PET 基材的背胶。

（3）防水双面胶+密封胶，密封胶一般为硅橡胶。

（4）防水双面胶+结构热熔胶。

（5）一体注塑成型，通过双色模具或者二次注塑的方式。

如果采用防水双面胶，双面胶的单边宽度不小于 2.50mm，双面胶建议采用 PET 基材的背胶，厚度一般为 0.25mm。

7.5.2 iPhone 手机侧键防水分析

iPhone 手机侧键由于有行程，需要活动，不能采用粘胶的方式，而是采用预压硅胶的方式防水，如图 7-21 所示。

图 7-21 iPhone 手机侧键防水结构

另一款其他品牌的手机侧键也采用预压硅胶防水，如图 7-22 所示。

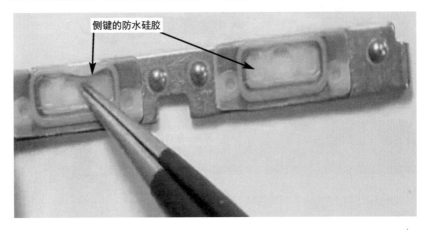

图 7-22 另一款手机的侧键防水结构

技巧提示

　　侧键防水还可以通过双色注塑一体成型的方式，软胶与硬胶相结合，通过软胶的弹性变形，实现按键的功能，如图 7-23 所示。

　　软胶材料可采用 TPU，硬度为 70～80 度。

　　硬胶材料可采用 PC 或者 PC+ABS。

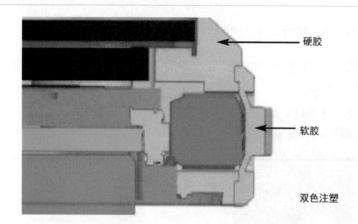

图 7-23   软硬胶双色注塑

7.5.3   iPhone 手机声学器件防水分析

iPhone 手机声学器件包括喇叭、话筒（Mic）、听筒（受话器），声学器件主要采用防水透声膜，结合硅胶结构件压紧来实现防水。

（1）喇叭采用防水透声膜结合硅胶防水，如图 7-24 所示。

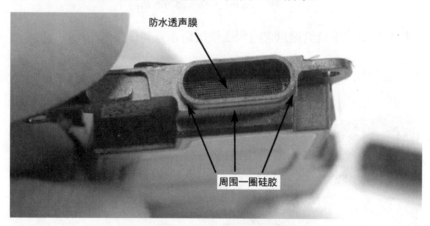

图 7-24   喇叭的防水设计

（2）话筒采用防水透声膜结合硅胶防水，如图 7-25 所示。

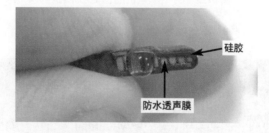

图 7-25   话筒的防水设计

（3）听筒（受话器）采用防水透声膜结合硅胶防水。图 7-26 所示为听筒的防水透声膜。

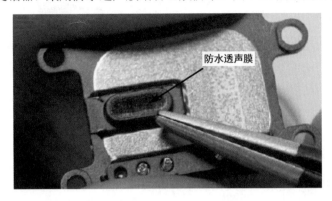

图 7-26 听筒的防水透声膜

图 7-27 所示为听筒的防水硅胶。

图 7-27 听筒的防水硅胶

🗒 **技巧提示**

　　声学器件本身的防水一般是通过防水透声膜实现的，器件与壳体之间通过预压硅胶的方式来实现，还可以通过超声焊接密封、防水泡棉胶粘胶密封等方式来实现。

7.5.4 iPhone 手机接插件防水分析

　　iPhone 手机接插件主要包括苹果插头连接器，主要采用连接器本身防水结合硅胶预压的方式防水。

　　（1）插头连接器本身需要防水，苹果定制的专用连接器接口本身带有防水的功能，再结合硅胶预压，实现连接器与壳体之间的防水，如图 7-28 所示。

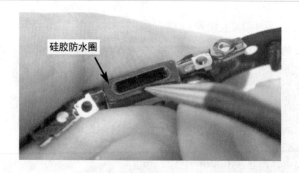

图 7-28　插头连接器的防水设计

（2）弹出式 SIM 卡托采用硅胶圈防水的方法，如图 7-29 所示。

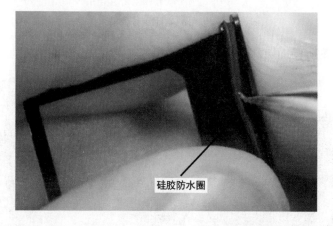

图 7-29　SIM 卡托的防水设计

7.5.5　iPhone 手机内部电路防水分析

iPhone 手机采用纳米防水膜实现对内部 PCB 的保护，如图 7-30 所示。

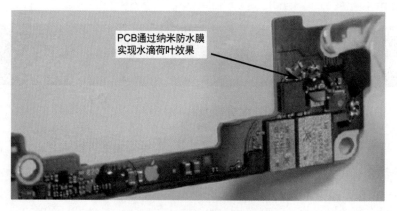

图 7-30　纳米防水膜保护 PCB

7.5.6　iPhone 手机防水总结

iPhone 手机防水总结如表 7-4 所示。

表 7-4　iPhone 手机防水总结

手 机 部 位	防 水 方 法	防 水 原 理
主屏组件与外壳	防水热熔胶	紧密粘贴
侧键	硅胶	挤压式密封
声学器件	防水透声膜结合硅胶	防水透气膜　挤压式密封
插头连接器	本身防水结合硅胶	挤压式密封
SIM 卡托	硅胶	挤压式密封
内部电路板	纳米防水膜	荷叶效应

7.6　防水产品案例讲解

7.6.1　产品概述

这是一款户外三防快速充电移动电源，产品除了具有普通移动电源功能，还具有快速充电功能。

由于产品定位为户外使用，存在接触灰尘及水的可能，所以要求产品具有三防功能、手电筒功能，并具有大容量电池。

此款产品具有 IP67 级防护性能，容量为 10 000mAh，适合户外活动时给手机等电子设备提供电源。

产品主要具有以下特点：

（1）具有三防功能。

（2）大容量，容量为 10 000mAh。

（3）快速充电。

（4）具有手电筒功能

（5）轻巧，便于携带。

这款三防快速充电移动电源尺寸为 146.00mm×84.00mm×20.00mm（长×宽×厚）。

这款三防快速充电移动电源原始设计资料如下。

（1）ID 效果图。

这款三防快速充电移动电源的正面效果图如图 7-31 所示。

这款三防快速充电移动电源的背面效果图如图 7-32 所示。

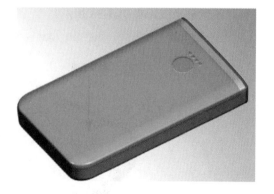

图 7-31　三防快速充电移动电源的正面效果图

图 7-32　三防快速充电移动电源的背面效果图

（2）产品的功能需求。

产品的功能需求包括结构功能需求、电子功能需求、包装功能需求，这里只分析与结构相关的功能需求。

这款三防快速充电移动电源与结构相关的功能需求如下：

① 两个 USB 接口输出。

② 一个 Type-C 输入兼输出接口，要有数据传输及充电功能。

③ 电芯为聚合物锂电池，容量为10 000mAh，电芯选择通用的型号及规格。

④ 外形由塑胶与包装袋搭配构成。

⑤ 四个白色电池容量指示灯。

⑥ 一个电源开关键。

⑦ 具有应急手电筒功能。

⑧ 具有三防功能。

⑨ 产品外形美观, 定位为中高档。

7.6.2　ID 效果图分析详解

有了原始设计资料后，要对 ID 效果图进行分析，分析 ID 效果图时要结合产品的功能。一般从以下几个方面来分析。

（1）通过 ID 效果图了解产品的基本构成。

通过分析这款三防快速充电移动电源 ID 效果图可知，该产品正面主要由塑胶上壳、按键、导光柱构成，如图 7-33 所示。

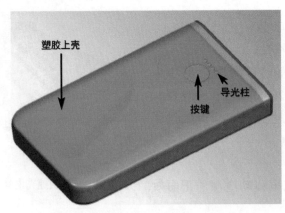

图 7-33　三防快速充电移动电源的正面构成

（2）产品背面主要由塑胶下壳、镜片装饰件、侧盖板构成，如图 7-34 所示。

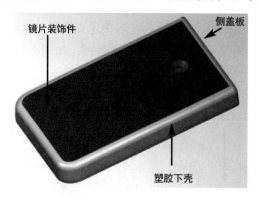

图 7-34 三防快速充电移动电源的背面构成

（3）结合功能进一步分析各部分的构成。

① 由 ID 效果图分析得出，USB 连接器与 Type-C 连接器在产品的前侧面，被侧盖板遮挡在里面，如图 7-35 所示。

图 7-35 连接器位置

② 产品背面圆形的透明区域为手电筒功能的透光区，如图 7-36 所示。

③ 产品正面有按键与导光柱，如图 7-37 所示。

图 7-36 背面的手电筒位置

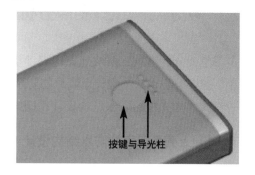

图 7-37 按键与导光柱

7.6.3 拆件分析详解

由上一节的 ID 效果图分析可知，这款三防快速充电移动电源需要拆的零件有塑胶上壳、塑胶下壳、按键、导光柱、镜片装饰件、侧盖板，如图 7-38 所示。

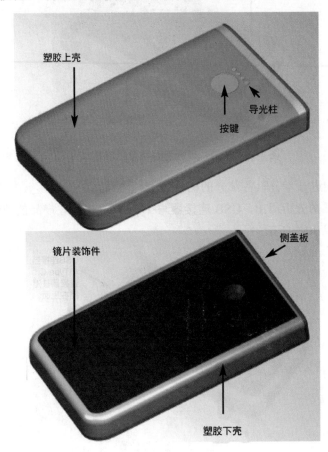

图 7-38 需要拆的零件

7.7 防水结构设计要点分析详解

本节主要分析这款三防快速充电移动电源的防水结构设计，包括上壳及下壳的防水结构设计、螺钉的防水结构设计、镜片的防水结构设计、手电筒的防水结构设计、按键的防水结构设计、导光柱的防水结构设计、USB 连接器的防水结构设计。

7.7.1 上壳及下壳的防水结构设计

上壳及下壳的防水结构设计方法很多，如防水圈、超声焊接、防水胶等方式，比较常用的是防水圈，通过预压防水圈进行防水，可靠又安全，防水圈结合防尘结构，能达到 IP68

防护级别。

此款三防快速充电移动电源采用硅胶防水圈结合螺钉固定的方式来实现上壳及下壳的防水。

（1）上壳及下壳材料都是 PC+ABS，为保证足够的强度及考虑设计防水结构的需要，料厚做到 3.50mm，如图 7-39 所示。

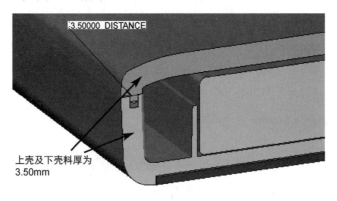

图 7-39　上壳及下壳料厚

（2）上壳及下壳止口设计采用"凹"形双止口，如图 7-40 所示。

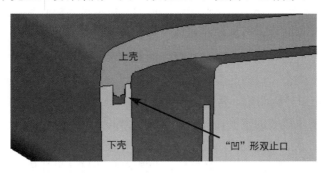

图 7-40　"凹"形双止口

（3）防水圈采用硅胶材料，硬度为 40 度左右，防水圈硅胶截面形状为方形，宽为 1.25mm，高为 1.00mm，如图 7-41 所示。

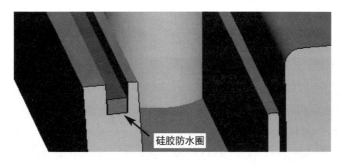

图 7-41　硅胶防水圈

（4）双止口与硅胶防水圈配合尺寸如图 7-42 所示。

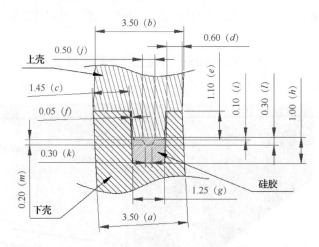

图 7-42 双止口与硅胶防水圈配合尺寸

（单位为 mm）

尺寸说明：

① 尺寸 a 为下壳料厚，由于防水产品的双止口设计，此款产品下壳料厚设计值为 3.50mm。

② 尺寸 b 为上壳料厚，由于防水产品的双止口设计，此款产品上壳料厚设计值为 3.50mm。

③ 尺寸 c 为下壳的母止口外观面料厚，此款产品此尺寸设计值为 1.45mm。

④ 尺寸 d 为下壳的母止口内侧面料厚，此款产品此尺寸设计值为 0.60mm。

⑤ 尺寸 e 为上壳公止口的高度，此款产品此尺寸设计值为 1.10mm。

⑥ 尺寸 f 为止口外侧间隙，常用值为 0.05mm，此款产品此尺寸设计值为 0.05mm。

⑦ 尺寸 g 为防水硅胶的宽度，此款产品此尺寸设计值为 1.25mm。

⑧ 尺寸 h 为防水硅胶的高度，此款产品此尺寸设计值为 1.00mm。

⑨ 尺寸 i 为公止口与硅胶的过盈尺寸，此款产品此尺寸设计值为 0.10mm。

⑩ 尺寸 j 为公止口防水凸台的根部宽度尺寸，此款产品此尺寸设计值为 0.50mm。

⑪ 尺寸 k 为公止口防水凸台的顶部宽度尺寸，此款产品此尺寸设计值为 0.30mm。

⑫ 尺寸 l 为公止口防水凸台的高度尺寸，此款产品此尺寸设计值为 0.30mm。

⑬ 尺寸 m 为公止口防水凸台与硅胶的过盈尺寸，此款产品此尺寸设计值为 0.20mm。

技巧提示

此款产品上壳及下壳止口与硅胶过盈的总结如下。

（1）公止口与硅胶过盈量为 0.10mm。

（2）在公止口上再设计凸台，凸台与硅胶过盈量为 0.20mm。

（3）公止口与硅胶总体过盈量是 0.30mm。

（4）硅胶硬度为 40 度左右，不能太硬，太硬会造成预压困难，达不到防水的效果。

7.7.2 螺钉的防水结构设计

上壳及下壳固定采用螺钉固定的方式。三防产品的壳体防水，如果只采用卡扣达不到防水要求，防水硅胶的预压需要比较大的锁紧力，采用螺钉固定是比较可靠的方式。

（1）此款三防快速充电移动电源采用 M1.8mm 的机牙螺钉，在上壳热熔螺母，螺母规格为 M1.8mm，外径尺寸为 3.00mm，高度为 3.00mm，表面为斜纹，如图 7-43 所示。

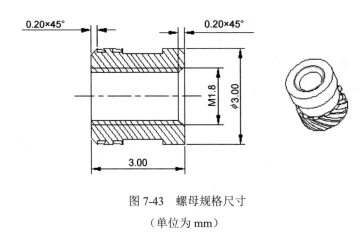

图 7-43　螺母规格尺寸

（单位为 mm）

（2）上壳材料为 PC+ABS，螺母通过热熔方式固定于上壳螺钉柱内，上壳螺钉柱尺寸如图 7-44 所示。

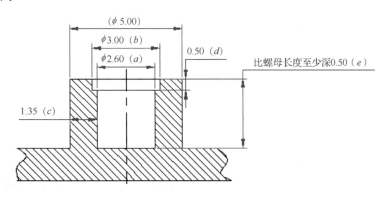

图 7-44　上壳螺钉柱尺寸

（单位为 mm）

尺寸说明：

① 尺寸 a 为热熔螺母的内孔尺寸，由于螺母外径尺寸为 3.00mm，此款产品螺母内孔尺寸设计值为 2.60mm，即单边过盈量为 0.20mm。

② 尺寸 b 为导向平台尺寸，与螺母外径尺寸相同即可，此款产品此尺寸设计值为 3.00mm。

③ 尺寸 c 为螺钉柱的料厚，规格 M3.0mm 的螺母热熔力度大，螺钉柱壁厚要足够大，

一般不小于 1.20mm，此款产品此尺寸设计值为 1.20mm。

④ 尺寸 d 为导向平台深度尺寸，此款产品此尺寸设计值为 0.50mm。

⑤ 尺寸 e 为螺钉柱深度尺寸，由于螺母热熔时需要溢胶，此尺寸比螺母的长度至少深 0.50mm。

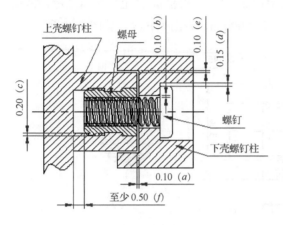

图 7-45　上壳螺钉柱与下壳螺钉柱配合尺寸

（单位为 mm）

（3）上壳螺钉柱与下壳螺钉柱配合尺寸如图 7-45 所示。

尺寸说明：

① 尺寸 a 为上壳螺钉柱与下壳螺钉柱间隙，此款产品此尺寸设计值为 0.10mm，此间隙的主要作用是使螺钉固定更紧固。

② 尺寸 b 为螺钉与下壳间隙，常用尺寸为 0.05～0.10mm，此款产品此尺寸设计值为 0.10mm。

③ 尺寸 c 为螺母与上壳螺钉柱的热熔的过盈尺寸，此款产品此尺寸设计值为 0.20mm。

④ 尺寸 d 为螺钉头与下壳间隙，此尺寸不小于 0.15mm。

⑤ 尺寸 e 为上壳螺钉柱与下壳螺钉柱的限位尺寸，常用尺寸为 0.05～0.10mm，此款产品此尺寸设计值为 0.10mm。

⑥ 尺寸 f 为上壳螺钉柱热熔之后的深度尺寸，由于螺母热熔时需要溢胶，此尺寸比螺母长度至少深 0.50mm。

（4）螺钉柱防水采用螺钉塞，螺钉塞材料为 TPU，硬度为 70 度左右，成型方式为注塑成型。螺钉塞与下壳螺钉柱四周零间隙，在螺钉塞上设计一圈凸台，与螺钉柱内孔单边过盈量为 0.15mm，如图 7-46 所示。

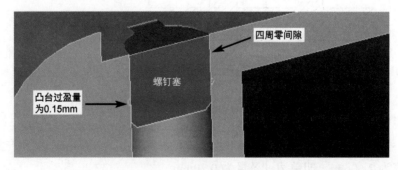

图 7-46　螺钉柱的防水设计

（5）上壳及下壳螺钉的数量设计要合理，一般来说，两个螺钉之间的距离为 40mm 左右，还可以选择卡扣辅助固定，如图 7-47 所示。

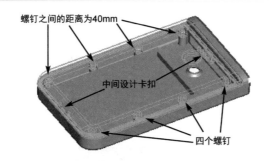

图 7-47　上壳及下壳螺钉的数量设计

（6）每个螺钉都需要螺钉塞，所有螺钉塞采用共用设计，并设计防呆结构，如图 7-48 所示。

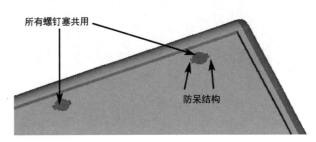

图 7-48　螺钉塞的设计

7.7.3　镜片的防水结构设计

此款产品背面有一块装饰镜片，如图 7-49 所示，其主要作用如下：

（1）遮挡螺钉塞，由于螺钉塞外露会影响产品外观，设计镜片遮挡，可以美化产品外观。

（2）产品背面有手电筒功能，需要透光。

镜片采用 PMMA 材料，厚度为 1.20mm，表面硬度为 2H，通过片材切割成型，采用防水泡棉双面胶粘贴在塑胶下壳上，防水泡棉双面胶厚度为 0.20mm，如图 7-50 所示。

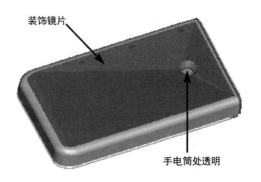

图 7-49　装饰镜片

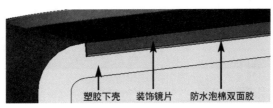

图 7-50　装饰镜片防水设计

7.7.4 手电筒的防水结构设计

手电筒的透光区是透明的,镜片丝印时留空即可,手电筒的防水是通过装饰镜片的防水泡棉双面胶来实现的。

在设计防水泡棉双面胶时,要注意最窄宽度,为了保证良好的防水效果,建议最窄宽度不小于 3.00mm,如图 7-51 所示。

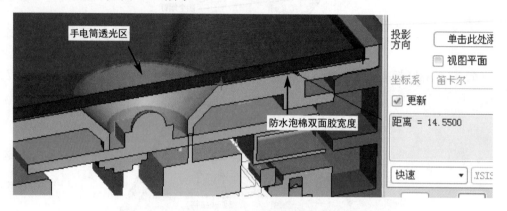

图 7-51 手电筒的防水设计

技巧提示

上壳与下壳通过超声焊接防水的方法虽然不常用,但对于一些特殊的产品来说可以采用。超声焊接防水对焊接工艺要求比较高,生产不良率高,超声后外壳不能拆卸,不利于维修。

在设计此类结构时,最好采用"凹"形双止口单超声线结合或者单止口双超声线结合的方式,如图 7-52 所示。

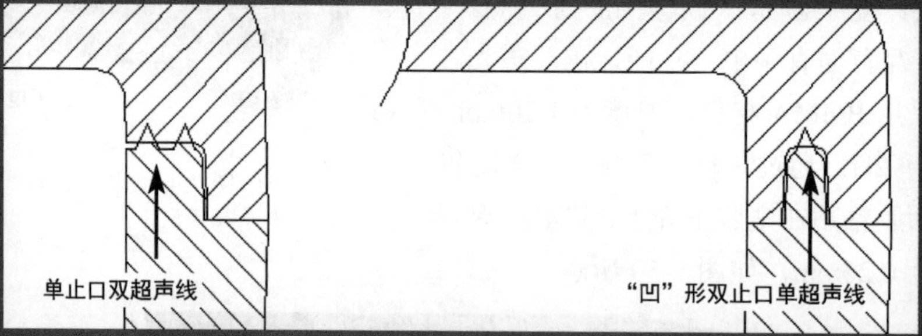

单止口双超声线   "凹"形双止口单超声线

图 7-52 防水产品止口与超声线

7.7.5 按键的防水结构设计

在防水产品中,由于需要按动按键,这是一个运动过程,如何设计好按键防水也很关键。

此款三防快速充电移动电源上的按键为电源开关键，位于产品上壳内，如图 7-53 所示。

在进行结构设计时，按键防水的方法很多，常用的有以下两种：

① 软硬结合，按键采用软胶与壳料硬胶相结合，通过双色模注塑或者二次注塑将二者紧密接合在一起。

② 按键硬胶和防水软胶配合，侧键有时候比较多，如图 7-54 所示。

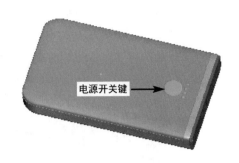

图 7-53　电源开关键

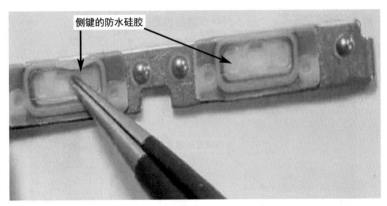

图 7-54　侧键防水

这款三防快速充电移动电源上的按键采用第一种软硬结合的方式来实现防水。

（1）按键为软性材料透明 TPU，硬度为 70 度左右，七分透光，采用二次注塑的方式与上壳接合在一起。

二次注塑的顺序是先注塑上壳，再注塑按键，如图 7-55 所示。

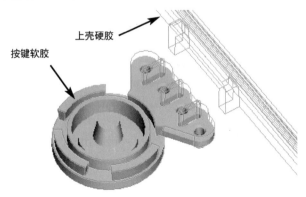

图 7-55　按键二次注塑

（2）将按键通过二次注塑固定在上壳内，为防止脱落，对按键设计"梯形"倒扣结构，紧密地包裹住上壳，如图7-56所示。

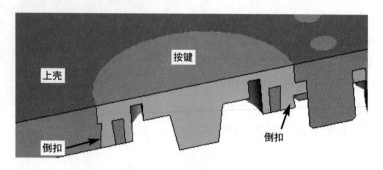

图7-56 按键倒扣的设计

（3）对按键要设计变形槽，变形槽料厚为0.50～0.60mm，建议变形槽宽度不小于0.60mm，如图7-57所示。

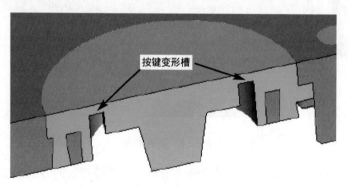

图7-57 按键变形槽

7.7.6 导光柱的防水结构设计

（1）导光柱可以将PCB上的LED发出的光导射到外面，这款三防快速充电移动电源

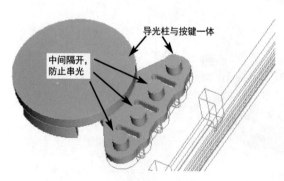

图7-58 导光柱设计

共有四个指示灯，外观的导光柱部分与按键共用一个零件，通过二次注塑加工的方式与上壳接合在一起，因为按键为七分透光，能达到将光线导射出去的效果，如图7-58所示。

（2）为了使导光柱透光效果更好，在上壳内部还需要设计一个导光件，内部导光件采用透明PC材料，如图7-59所示。

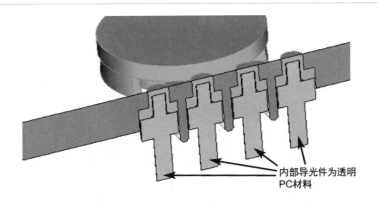

图 7-59　内部导光件

（3）将内部导光件通过热熔柱固定在上壳内，如图 7-60 所示。

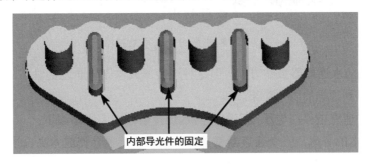

图 7-60　内部导光件的固定

7.7.7　USB 连接器的防水结构设计

（1）此款三防快速充电移动电源包括两个 USB 接口和一个 Type-C 接口，它们都位于产品的侧面，如图 7-61 所示。

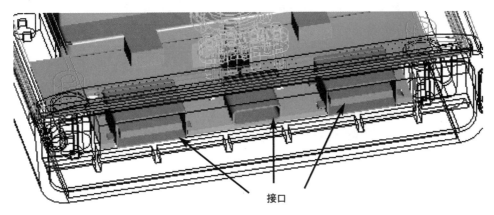

图 7-61　三防快速充电移动电源接口

（2）关于连接器的防水，现在市面上有专用的防水连接器，其防水等级可以达到 8 级。图 7-62 所示为防水型的 Type-C 连接器。

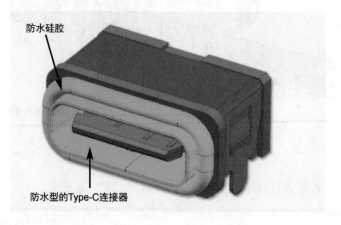

图 7-62　防水型的 Type-C 连接器

（3）专用的防水连接器虽然方便，但这种连接器成本比普通连接器高，且对装配也有要求，否则达不到理想的防水效果。

此款三防快速充电移动电源没有采用防水连接器，主要原因如下：

① 出于成本的考虑，三个连接器都采用防水型连接器会使成本高出很多。

② 出于装配工艺的考虑，如果由于各种制造误差导致装配不好，那么其防水效果并不理想。

此款产品采用侧盖板密封的方式来实现防水，侧盖板选用软性材料 TPU，硬度为 70 度左右，如图 7-63 所示。

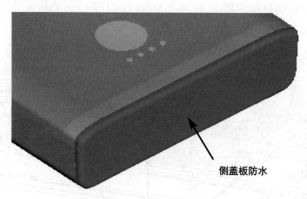

图 7-63　侧盖板防水

（4）侧盖板通过拉杆连接在下壳，拉杆可以拉出，从而实现侧盖板的打开及旋转，如图 7-64 所示。

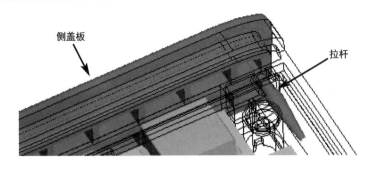

图 7-64　侧盖板的拉杆

（5）侧盖板与下壳四周零间隙，另外在侧盖板上设计整圈凸台，凸台与下壳单边过盈量为 0.15mm，如图 7-65 所示。

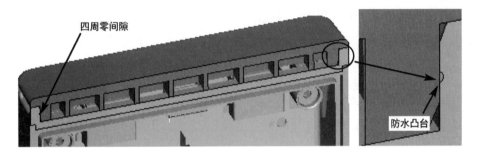

图 7-65　侧盖板防水凸台

侧盖板实现防水的主要结构如下：

① 四周零间隙，实现初步防水。

② 设计整圈凸台，加强防水功能。

（6）在侧盖板另一侧设计抠手位，方便侧盖板拉开，如图 7-66 所示。

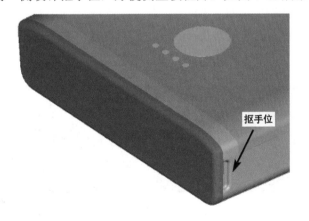

图 7-66　侧盖板的抠手位

7.8 防水知识点设计总结

这款三防快速充电移动电源涉及的防水知识点有以下几点：

（1）上壳及下壳的防水设计。

① 双止口结合硅胶防水圈。

② 螺钉锁紧。

（2）螺钉的防水设计。

① 选用软性材料 TPU，四周零间隙。

② 设计整圈凸台，过盈量为 0.15mm。

（3）镜片的防水设计。

选用防水泡棉双面胶。

（4）手电筒的防水设计。

选用防水泡棉双面胶。

（5）按键的防水设计。

① 选用软性材料 TPU，二次注塑。

② 设计变形槽，实现按键手感。

（6）导光柱的防水设计。

① 选用软性材料 TPU，二次注塑。

② 设计内部导光件。

（7）USB 连接器的防水设计。

① 选用软性材料 TPU，四周零间隙。

② 设计整圈凸台，过盈量为 0.15mm。

📋 技巧提示

> 已讲解完这款三防快速充电移动电源的防水设计要点，读者在学习这一章内容时，要学会融会贯通，举一反三。学习的目的不仅仅是让大家学会设计类似的防水移动电源，更重要的是学会其他防水产品的设计思路、设计理念。结构设计是相通的，不管什么行业、什么产品，设计方法及设计思路都大同小异。